水利水电施工

SHUILI SHUIDIAN SHIGONG

2019 年第 5 辑

中国电力建设集团有限公司
中国水力发电工程学会施工专业委员会　主编
全国水利水电施工技术信息网

中国水利水电出版社
www.waterpub.com.cn
·北京·

图书在版编目（ＣＩＰ）数据

水利水电施工. 2019年. 第5辑 / 中国电力建设集团
有限公司, 全国水利水电施工技术信息网, 中国水力发电
工程学会施工专业委员会主编. -- 北京 : 中国水利水电
出版社, 2020.4
　　ISBN 978-7-5170-8550-8

　　Ⅰ. ①水… Ⅱ. ①中… ②全… ③中… Ⅲ. ①水利水
电工程－工程施工－文集 Ⅳ. ①TV5-53

中国版本图书馆CIP数据核字(2020)第074118号

书　　　名	**水利水电施工　2019年第5辑** SHUILI SHUIDIAN SHIGONG　2019 NIAN DI 5 JI	
作　　　者	中国电力建设集团有限公司 中国水力发电工程学会施工专业委员会　主编 全国水利水电施工技术信息网	
出版发行	中国水利水电出版社 （北京市海淀区玉渊潭南路1号D座　100038） 网址：www.waterpub.com.cn E-mail : sales@waterpub.com.cn 电话：（010）68367658（营销中心）	
经　　　售	北京科水图书销售中心（零售） 电话：（010）88383994、63202643、68545874 全国各地新华书店和相关出版物销售网点	
排　　　版	中国水利水电出版社微机排版中心	
印　　　刷	清淞永业（天津）印刷有限公司	
规　　　格	210mm×285mm　16开本　7.75印张　314千字　4插页	
版　　　次	2020年4月第1版　2020年4月第1次印刷	
印　　　数	0001—2500册	
定　　　价	36.00元	

　　陕西省安康市汉江白河（夹河）水电站一期主体及导截流工程，由中国水利水电第三工程局有限公司（以下简称水电三局）承建

　　黑龙江省海林市荒沟抽水蓄能电站上水库土建及金属结构安装工程，由水电三局承建

江西省赣江新干航电枢纽项目机电安装工程（W8标段），由水电三局承建

陕西省汉中市石门水库除险加固工程（1标段），由水电三局承建

新疆维吾尔自治区阜康市抽水蓄能电站，
由水电三局承担施工任务

陕西省大荔县洛北水系连通生态治理工程
PPP 项目，由水电三局承建

山东省郓城县南湖新区 PPP 项目，由水电
三局承担施工任务

河南省郑州市107辅道快速路工程第一标段PPP项目，由水电三局承担施工任务，该工程荣获2018—2019年度国家优质工程奖

河南省郑州市陇海路快速通道工程第十二标段BT项目，由水电三局承担施工任务，该工程荣获2018—2019年度国家优质工程奖

甘肃省兰州市崔家大滩片区地下综合管廊PPP项目，由水电三局承担施工任务

广东省中山至开平高速公路ZKGS-TJ-6标段土建工程，由水电三局承担施工任务

山东省济南市高新区丹桂路管廊工程，由水电三局承担施工任务

云南省石林至泸西高速公路（红河段）项目，由水电三局承担施工任务

陕西省西安市西咸新区沣东新城秦阿房宫遗址公园及周边安置保障房项目，由水电三局承担施工任务

西藏自治区拉萨市房建项目，由水电三局承建

陕西省西安市洺悦府EPC项目，由水电三局承建

河南省南阳市月季园及周边城市配套基础设施PPP项目月季园子项目，由水电三局施工

阿尔及利亚 233MW 光伏电站工程（1 标段），由水电三局承建

几内亚凯乐塔水电站，由水电三局承担进场道路、桥梁、主体土建及机电安装和金属结构工程，该工程荣获 2018—2019 年度中国建设工程鲁班奖（境外工程）

几内亚苏阿皮蒂水利枢纽项目土建、金属结构及机电设备安装工程，由水电三局承建

老挝南公 1 水电站项目首部枢纽土建、金属结构及机电设备安装工程，由水电三局承建

老挝南欧江一级水电站土建、金属结构及机电设备安装工程，由水电三局承建

沙特萨拉曼国王国际港务综合设施项目（P5 标），由水电三局承建

中老铁路磨丁至万象线第 IV 标段，由水电三局承建

北京至沈阳铁路客运专线河北段站前工程
JSJJSG-5标段，由水电三局承建

福建省南平至龙岩线扩能改造工程站前VI标
（NLZQ-VI标）段，由水电三局承建

山西省大同至西安客运专线站前工程2标段，由水
电三局承建

陕西省西安市地铁二号线二期工程1标段总承包
项目开工仪式，该工程由水电三局承担施工任务

本书封面、封底、插页照片均由中国水利水电第三工程局有限公司提供

《水利水电施工》编审委员会

前　言

　　《水利水电施工》是全国水利水电施工技术信息网的网刊，是全国水利水电施工行业内刊载水利水电工程施工前沿技术、创新科技成果、科技情报资讯和工程建设管理经验的综合性技术刊物。本刊以总结水利水电工程前沿施工技术、推广应用创新科技成果、促进科技情报交流、推动中国水电施工技术和品牌走向世界为宗旨。《水利水电施工》自 2008 年在北京公开出版发行以来，至 2018 年年底，已累计编撰发行 66 期（其中正刊 44 期，增刊和专辑 22 期）。刊载文章精彩纷呈，不乏上乘之作，深受行业内广大工程技术人员的欢迎和有关部门的认可。

　　为进一步提高《水利水电施工》刊物的质量，增强刊物的学术性、可读性、价值性，自 2017 年起，对刊物进行了版式调整，由杂志型调整为丛书型。调整后的刊物继承和保留了原刊物国际流行大 16 开本，每辑刊载精美彩页，内文黑白印刷的原貌。

　　本书为调整后的《水利水电施工》2019 年第 5 辑，全书共分 7 个栏目，分别为：特约稿件、土石方与导截流工程、混凝土工程、机电与金属结构工程、试验与研究、路桥市政与火电工程、企业经营与项目管理，共刊载各类技术文章和管理文章 28 篇。

　　本书可供从事水利水电施工、设计以及有关建筑行业、金属结构制造行业的相关技术人员和企业管理人员学习、借鉴和参考。

编者

2019 年 12 月

目　录

Contents

Electromechanical and Metal Structure Engineering

Test and Research

Road & Bridge Engineering, Municipal Engineering and Thermal Power Engineering

Enterprise Operation and Project Management

特约稿件

土石坝智慧建造技术展望

吴高见/中国水利水电第五工程局有限公司

【摘　要】 土石坝是历史悠久的一种坝型，也是最具生命力的坝型之一。土石坝建设正在经历从数字大坝向智慧大坝的过渡阶段，并在信息技术迅猛发展的引领下逐步迈向 3D 打印的智慧建造时代。本文从 3D 打印技术出发，对 3D 打印建筑、数字大坝、智慧大坝的发展进行了分析论述，提出了土石坝 3D 打印技术的实现方式，并对土石坝 3D 打印智慧建造技术的发展进行了展望。

【关键词】 土石坝　3D 打印　智慧大坝　智慧建造

1 引言

土石坝以其就地取材构筑的散粒体结构，赋就了广泛的地基适应性、良好的抗变形能力、较强的抗地震性能、较优的经济成本，以及坝体组成功能简明、适合机械化机群作业、管理维护简便、工程寿命长、碳足迹低等特点，而成为既古老又最富生命力的坝型之一。

据不完全统计，在世界所有已建的大坝中，超过 90% 以上为土石坝。我国已建成的 9.8 万座各类水库大坝中，93% 为土石坝；在未来规划和当前在建的大坝中，也有较多的土石坝，包括在建的 295m 两河口水电站大坝、314m 双江口水电站大坝和规划中的 315m 如美水电站大坝、356m 其宗水电站大坝等砾石土心墙堆石坝；在建的 165m 阿尔塔什水利枢纽大坝、230.5m 玉龙喀什水利枢纽大坝、247m 大石峡水利枢纽大坝和规划中 253m 的茨哈峡水电站大坝、310m 古水水电站大坝等混凝土面板堆石坝。这些土石坝不仅坝高超高、填筑量巨大，而且都处于西藏、青海、新疆等气候条件恶劣、自然环境较为艰苦的地区，给土石坝施工带来巨大挑战。

进入 21 世纪以来，全球科技创新进入空前密集活跃的时期，新一轮科技革命和产业变革正在重构全球经济版图，重塑全球经济结构，互联网、物联网、区块链、云计算、大数据、人工智能、3D 打印、GIS、5G、AI、BIM 等信息技术的发展，为人类社会的发展带来了千载难逢的发展机遇，也给传统的土石坝施工领域带来改造、改革、变革的机会，使智慧建造成为可能。

2 3D 打印技术与智慧大坝

2.1 3D 打印技术

3D 打印技术是以数字模型为驱动源，通过连续的物理层叠加、逐层增加材料来构造生成物体空间形态三维实体的先进制造技术。

3D 打印技术最早出现在 20 世纪 90 年代中期的制造业领域，是利用光固化和纸层叠等方式实现快速成型的技术。随后发展出 SLA 立体光固化成型技术、FDM 熔积成型技术、SLS 选择性激光烧结技术、LOM 分层实体制造技术等，其工作原理与普通打印机基本相同，打印机内装有粉末状金属或塑料等可黏合材料，与计算机连接后，通过一层又一层的多层打印方式，最终把计算机上的蓝图变成实物。3D 打印技术可以制造出传统生产技术无法制造出的外形。

3D 打印技术具有数字制造、降维制造、堆积制造、直接制造和快速制造等优点，并在此基础上具体给出了光固化成形、材料喷射、黏结剂喷射、熔融沉积制造、选择性激光烧结、片层压和定向能量沉积等七类新型打印工艺。3D 打印技术是制造业领域正在迅速发展的全新技术，被称为"具有第四次工业革命意义的制造技术"，其不受产品结构限制的特性，决定了它在许多行业中都有足够的用武之地。

2.2 3D打印建筑

随着3D打印技术的发展，越来越多的物品都可以由3D打印来完成。把3D打印技术引入传统的建筑领域，形成了3D打印建筑。3D打印建筑是一种以数字模型为基础、用胶凝材料和特种纤维为主的特殊"油墨"，通过逐层打印方式建造房屋的技术。

美国南加州大学工业与系统工程教授比洛克·霍什内维斯研究采用3D打印技术在不到20h的时间内建造了一幢面积2500ft²（平方英尺，1ft²＝0.0929m²，全书下同）的建筑。他在被称为"轮廓工艺"系统的项目上，采用一个巨型的三维挤出机构挤出混凝土，为房屋创建基础和墙壁。阿联酋迪拜Warsan社区对外展示了一栋高9.5m、总面积640m²的两层楼建筑——世界上最大的3D打印建筑，其混凝土墙是使用一台巨型3D打印机打印出来的。

2014年上海盈创（Winsun）3D打印建筑公司，在上海张江高新青浦园区花费24h经一台高达6.6m的大型3D打印机，用建筑垃圾制成的特殊"油墨"层层叠加喷绘，打印了10幢建筑的墙体。

3D打印建筑是传统建筑领域的革命性变革。对于3D打印建筑来说，成本、原材料和结构安全是其未来发展的三个关键点，而制约技术发展的最基本难题是尺寸——打印机械的尺寸。从2D打印获得的最基本常识是：输出尺寸越大打印机本身就得越大，打印机喷头活动范围需要能够覆盖全幅的输出尺寸。3D打印领域即意味着打印机覆盖范围需要比打印的建筑还要大。

2.3 3D打印建筑发展趋势

高性能计算能力、人工智能、高效率和微型化的传感器、智能机器人、人机协同技术以及众包模式等6个方面的技术发展将为3D打印技术的发展带来崭新的机遇。从另一个角度理解，3D打印也只是一种先进的制造技术，是一种工具。它本身作为产品的价值并不高，需要在不同领域的应用中实现价值，是一个技术优势和用户需求逐渐契合的过程。

3D打印建筑发展的三个可能解决方向：

（1）全尺寸完全打印模式。即制造超巨型打印机械完全靠打印形成建筑，打印机械的尺寸往往要大于建筑物的形体轮廓。向这一方向发展受限的根本原因是打印机械的制造难度和打印材料所形成的结构强度问题。机器越大越难制造，更为重要的是机器越大，打印精度和打印速度就会越差；打印材料也由于体型庞大后结构受力强度要求更高。最适宜打印的建筑模型是单体结构不大的建筑。现阶段单一打印主要是解决3D打印建筑的一些基本问题：材料、控制、精度等。

（2）分段组装式打印模式。即类似于装配式建筑，实行建筑模块化，工厂化打印装配件，现场组装成建筑。这种模式可克服建筑尺寸的限制，缺点是现场的组装工作属于劳动密集型，增加成本，最适宜打印中等体型的单体结构建筑。一个全尺寸的原型建筑，需要分段打印现场装配，材料的选择和结构的轻量化较为关键。

（3）群组机器人集合打印模式。即一群小机器人跟蜜蜂似的围绕共同的建筑目标共同执行各自不同的任务，一点点逐步形成建筑。机器人大小跟建筑尺寸无关，可以非常小（甚至可以是飞行机器人，在三维中协调工作）；同时机器人的智能要求也可以大大降低。这种自组织、自协调的群体智能方式有可能成为最有发展前途的方式，也是现在人工智能的研究方向。

2.4 智慧大坝

数字大坝通过1P（PDA）、2G（GPS或BDS技术和GPRS技术）、3N（坝区无线扩频网络、移动GSM网络、无线差分网络），实现了全天候管理、实时在线管理、精细化管理和远程监控管理。

智慧大坝是数字大坝的升级版。智慧大坝与数字大坝相比，在信息自主采集、智能重构分析、智能决策、集成可视化等方面均实现了跨越。

2.4.1 数字大坝技术

数字大坝技术的工程应用主要表现在对挡水建筑物建设进度、质量等的管控方面。在土石坝建设领域基本形成了堆石坝填筑碾压质量实时监控、堆石坝坝料运输过程耦合监控、大坝施工动态信息PDA实时采集、大坝施工进度实时仿真与控制、大坝工程动态信息系统集成等五大关键数字大坝技术。在混凝土坝建设领域基本形成了混凝土原材料质检信息采集分析、混凝土拌制生产数据采集分析、大坝仓面施工信息采集分析、混凝土试验信息采集分析、大坝现场温控信息采集预警、混凝土垂直运输运行信息采集预警、大坝坝体灌浆信息采集分析、混凝土施工进度实时控制等八大关键数字大坝技术。碾压混凝土大坝建设领域采用了融合、改进的堆石坝与混凝土坝数字大坝技术，实现了对碾压混凝土施工质量、进度等的管控，已建成的黄登水电站大坝。

数字大坝技术对推动水利水电科技进步发挥了重要作用，实现了对大坝建设过程的在线实时监测和反馈控制，为大坝长期安全运行提供了分析与决策的平台。然而，数字大坝尚不能完全满足需要，存在着对多维态势进行智能深度感知的能力不足、对海量数据进行智能深度分析的能力不足和现场监测、仿真分析与智能控制融合程度的不足等问题。信息及自动化技术的进步将直接推动数字大坝向智慧大坝的发展。

2.4.2 智慧大坝技术

智慧大坝是以数字大坝为基础框架，以物联网、智能技术、云计算与大数据等新一代信息技术为基本手段，建立动态精细化的可感知、可分析、可控制的智能化大坝建设与运行管理体系，体系具有整体性、协同性、融合可拓展性、自主性和鲁棒性的特点。智慧大坝由信息实时感知模块、联通化实时传输模块、智能化实时分析模块与智能化实时管理决策系统等基本架构组成。

智慧大坝建设运行管理方向是电子化、数字化、智慧化，而目前我国的智慧大坝智慧化建设管理还尚处探索阶段，海量数据深入研究、现场检测与智能控制的有机融合，将成为未来向智慧大坝转型的重要方向。

智慧大坝建设中的虚拟建造技术 BIM 将是智慧大坝的基础，将 3D 与时间维度、价格要素相结合，形成三维设计与工艺工法、进度管理、成本管理的有机结合，是智慧大坝不可或缺的核心要素。

智慧大坝建设中机械设备无人化、智能化等也是智慧大坝发展的方向。超强的运算能力、万亿级传感器时代的来临，可使所有的材料、设备、车辆，甚至人员都会被传感器连接在一起。机器人将彻底改变我们作业模式，让作业更加智能和全自动化。无论是 AR 还是 VR，包括最热门的脑机接口科技，都会直接的把人和物连接在一起，大幅提升大坝建设的效率。

3　土石坝智慧建造技术设想

土石坝主体工程建造的基本作业程序主要包括坝料开采、坝料运输以及坝料仓面碾压三个主要环节。而在坝料料场作业环节中就包括有钻孔作业、爆破作业、挖装作业等；在坝料运输环节也包括有称重、加水或中转堆存等工序；坝料仓面碾压环节还包括有摊铺、碾压、检测等工序。这些作业工序都是在一系列有明确要求的人员、机械、材料、工艺和现场设施环境等共同作用下才能实现。

借助于智慧大坝的理念和 3D 打印建筑的群组机器人集合打印模式，土石坝快速、高效的智慧建造技术，将是"BIM 技术＋智慧工地＋智能机械＋仿真反馈＋预警控制"的深度融合。如果把土石材料的坝料作为"喷墨"，把所有通过智能控制的、参与机械化作业的机群作为打印"喷头"，按照 3D 设计形成的建筑模型分层分块堆压而成的土石坝施工技术，也可以称之为土石坝的 3D 打印技术。

土石坝 3D 打印智慧建造技术应包括建造信息模型 BIM、进度调度决策支持系统、建造流水线作业系统、机群智能控制系统等。基于土石坝三维数字建造信息模型 BIM 应包含有坝体分期规划、料场及仓面分区规划、土石方平衡计算；进度调度决策支持系统应根据土石坝施工组织设计工期进度要求对 BIM 模型按照分区分层填筑进行分层切片处理，获取各填筑层施工的坝料信息，在三维数字模型上形成对应规划的资源数量、

机械组合、运输计划、碾压路径、轨迹路线等，并存入土石坝 3D 打印智慧建造技术进度调度决策支持系统共享数据库；建造流水线系统应包括坝料按需开采、坝料精准加水、定位精确配送、精细摊铺碾压、依规挖坑检测等的仓面大小设计及流水作业规划；机群智能控制系统按照各个施工模块从进度调度决策支持系统数据库获取单层施工信息，进行智能化机械控制（无人驾驶挖掘机挖装、无人驾驶汽车运输、智能称重加水装置、无人驾驶推土机铺料、无人驾驶振动碾碾压、智能压实度实时检测反馈等），进行流水线作业，优质高效地完成施工作业，并通过无线通信技术向进度调度决策支持系统实时发送实际施工信息，存入数据库。依此类推，逐层填筑，循环上升，最终完成土石坝的填筑施工。

具有坝体分期规划、料场及仓面分区规划、土石方平衡计算等的建造信息模型 BIM 是土石坝智慧建造技术的基础；与各种资源配置协同的进度调度决策支持系统是土石坝智慧建造技术的核心；建造流水线作业系统和机群智能控制系统是土石坝 3D 打印智慧建造可能实现的关键途径。

作为体型尺度庞大、由当地材料组成、逐层碾压成形的土石坝，采用群组机器人集合打印技术是土石坝实现智慧建造技术（3D 打印技术）关键手段。当前，土石方机械自动化、智能化发展已经历了单机产品信息集成化阶段，基本实现了机电一体化、纯液压系统控制和数字化总线控制等技术，开始陆续进入产品智能化阶段，采用内置传感器辅助控制、可视或远程操控、卫星导航控制等，发动机控制（燃油管理、怠速降档、怠速停机、负载控制等）、传动系统控制、角度调平系统控制、计量统计系统、整机热管理系统、空调管理系统、车载影音系统，以及远程监控与诊断维修服务等，部分机械产品也开始了无人驾驶、智能作业和全生命周期数据集成管理等研究。而真正实现 3D 打印智慧建造，除了单机产品无人驾驶、智慧作业外，还需要机群作业系统的智能化、智慧化。笔者认为，基于传统土石坝建造技术而发展出来的智慧建造技术仍然需要包括以下单项技术：

（1）坝料开采。符合要求的爆破堆石料、机械破碎料、天然砂砾料、天然砾石土都可称为 3D 打印的"喷墨"材料。需要爆破技术、机械破碎技术、天然砾石土剔除掺配技术生产的坝料满足质量要求。

（2）3D 设计。较细的颗粒度和轻量化的三维设计 3D 图纸，将使建造信息模型 BIM 虚拟建造技术成为可能，三维设计也是土石坝填筑 3D 打印的驱动源。

（3）基于 BIM 的进度调度决策系统。3D 设计与计划进度维度、施工资源维度等通过施工组织规划、工艺工法选择与施工定额、企业定额等相互融合，形成 5D BIM 技术，可加快施工效率、控制成本消耗、提高经济

效益。

（4）机器人技术。智能挖掘机、无人驾驶汽车、智能推土机、智能平地机、智能振动碾、智能压实度实时感知装置等智能机械装备的发展，正像一群"蜂群"样的机器人通过执行各自的挖、运、平、压、测等施工任务，协同工作共同完成土石坝的填筑作业。

（5）卫星导航定位技术。卫星导航及定位技术可为机器人提供导航定位，记录运行轨迹，提供最佳运行路线或模式。

（6）测量与检测感知技术。测量与检测感知技术包括工程量测量计量、粒径符合度感知、含水率感知、压实程度感知、变形位移感知等技术，需要传感器技术发展的支持。

信息技术的不断发展必将使土石坝智慧建造技术在不久的将来成为可能。

4 结语

土石坝工程建设已在数字大坝的引领下向智慧大坝逐步过渡，并进一步走向 3D 打印式的智慧建造时代。长久以来土石坝施工项目存在的"信息传递效率低、信息协同共享性差、信息利用价值低、装备智能化缓慢"状况，在经历数字大坝、智慧大坝的发展过程中必将得到彻底改观。基于 BIM、互联网、物联网、区块链、卫星导航等技术，集合工程项目的三维设计、虚拟建造、过程多要素管理、作业层机械智能管理、机器人技术以及测量感知技术等智慧建造技术，将为土石坝建设管理带来革命性发展，推动高土石坝技术向更安全、更可靠、更智慧的方向发展。

土石坝终将不土！

闽江流域砂石质量存在的
问题及解决方案

陈勇忠/中国水利水电第十六工程局有限公司

【摘　要】　近年来，闽江流域开采生产的砂石料存在许多质量问题，如粗骨料存在碱-硅活性，天然砂级配不连续，细颗粒较少，拌制的混凝土发生离析、泌水等现象。本文结合工程实际情况，探讨闽江流域目前生产的砂石料存在的质量问题及有效的解决办法。

【关键词】　闽江流域　粗骨料　天然砂　碱活性　级配不连续　解决方案

1　引言

21 世纪以来，随着建筑行业对工程质量要求的不断提高，许多以往不甚关注的质量问题逐渐显露出来。近年来闽江流域生产的砂石料就出现了许多质量问题。如粗骨料存在碱-硅活性（ASR），必须采取措施进行抑制后方可使用。加上闽江流域天然砂长期过度的开采，导致现在生产的天然砂级配不连续，若不处理则导致拌制的混凝土离析、泌水严重等情况，无法满足现场施工要求。

2　闽江流域砂石料存在的质量问题

近年来闽江流域生产的砂石料主要存在两大问题：一是粗骨料存在碱-硅活性；二是天然河砂细度模数较大，级配不连续，0.315mm 以下颗粒较少，无法满足施工要求。

2.1　粗骨料存在的质量问题

近期在我公司施工的福建水口坝下水位治理与通航改善工程、福建泰宁池潭电站重建工程以及福建永泰抽水蓄能电站前期工程中，卵石和碎石不同程度皆存在碱-硅活性（ASR）。以福建水口坝下工程为例，其生产的卵石和碎石碱-硅活性试验结果见表 1。

表 1　　卵石和碎石碱-硅活性试验结果
（采用快速砂浆棒试验法）

试验龄期/d	卵石/%	碎石/%	天然砂/%
7	0.052	0.091	0.010
14	0.190	0.277	0.080
28	0.331	0.390	—

根据 DL/T 5151—2014《水工混凝土砂石骨料试验规程》规定，若试件 14d 的膨胀率小于 0.10% 时，则骨料为非活性骨料；若试件 14d 的膨胀率大于 0.20% 时，则骨料为具有潜在危害性反应的活性骨料；若试件 14d 的膨胀率为 0.10%～0.20% 时，对这种骨料应结合现场使用的历史、岩相分析、试验观测试件延至 28d 后的测试结果进行判断，或采用混凝土棱柱体试验结果进行综合评定。从表 1 可以得知：碎石 14d 龄期试件的膨胀率达 0.277% 时，为潜在危害性反应的活性骨料，而卵石 14d 的膨胀率达 0.190%，介于 0.10%～0.20% 时，延至 28d 后膨胀率为 0.331%，也为潜在危害性反应的活性骨料。

2.2　天然砂存在的质量问题

水口坝下工程及永泰抽水蓄能电站前期工程生产的天然砂颗粒级配试验结果见表 2 和表 3。

表2 水口坝下工程天然砂颗粒级配试验结果

筛孔尺寸公称粒径/mm		5.000	2.500	1.250	0.630	0.315	0.160	<0.160	细度模数（F.M）
筛余率/%		5.6	7.6	22.0	35.0	28.1	1.0	0.7	3.05
累计筛余率/%		5.6	13.2	35.2	70.2	98.3	99.3	100.0	
DL/T 5144—2015 累计筛余/%	Ⅰ区（粗砂）	10～0	35～5	65～35	85～71	95～80	100～90		天然砂 F.M=2.2～3.0
	Ⅱ区（中砂）	10～0	25～0	50～10	70～41	92～70	100～90		
	Ⅲ区（细砂）	10～0	15～0	25～0	40～16	85～55	100～90		

表3 永泰抽水蓄能电站前期工程天然砂颗粒级配试验结果

筛孔尺寸公称粒径/mm		5.000	2.500	1.250	0.630	0.315	0.160	<0.160	细度模数（F.M）
筛余率/%		10.6	13.7	16.9	25.2	29.6	2.5	1.5	3.06
累计筛余率/%		10.6	24.3	41.2	66.4	96.0	98.5	100.0	
DL/T 5144—2015 累计筛余/%	Ⅰ区（粗砂）	10～0	35～5	65～35	85～71	95～80	100～90		天然砂 F.M=2.2～3.0
	Ⅱ区（中砂）	10～0	25～0	50～10	70～41	92～70	100～90		
	Ⅲ区（细砂）	10～0	15～0	25～0	40～16	85～55	100～90		

从表2和表3可知：水口坝下工程及永泰抽水蓄能电站前期工程生产的天然砂颗粒偏粗，颗粒级配不连续，小于0.315mm的颗粒仅占1.7%和4%，大于0.315mm的颗粒累计筛余为98.3%和96%，远远大于中砂不超过92%的要求。故天然砂中细颗粒含量不足，拌制混凝土时会产生离析和泌水严重，混凝土的和易性较差，无法满足现场施工的要求，必须采取相应的措施加以改善，方可用作混凝土的细骨料。

3 粗骨料及天然砂质量问题的解决方法

3.1 粗骨料存在碱-硅活性的解决方法

闽江流域粗骨料存在的碱活性为碱-硅活性（ASR），粗骨料中的活性硅能与混凝土中碱作用形成Na(K)-Si-H凝胶并吸水膨胀而使混凝土开裂破坏，因此对碱-硅活性粗骨料必须采取有效的抑制措施（若骨料存在碱-碳酸盐活性，则必须更换料源，采用抑制措施根本无法达到效果）。

通常对存在碱-硅活性的骨料采取的措施为：采用低碱的水泥、粉煤灰、外加剂和拌和用水；掺用部分矿物混合材，如粉煤灰、粒化高炉矿渣、偏高岭土、硅藻土、沸石粉加以抑制。福建水口坝下工程采用不低于30%的粉煤灰掺量加以抑制，抑制效果具体见表4。

从表4中可知，当混凝土中粉煤灰掺量为30%时，可抑制卵石碱-硅活性；当混凝土中粉煤灰掺量为35%时，可抑制碎石碱-硅活性。

表4 水口坝下工程抑制粗骨料碱-硅反应膨胀率试验结果
（采用快速砂浆棒法）

龄期/d	卵石 掺灰量/%					碎石 掺灰量/%				
	0	15	25	30	35	0	20	30	35	40
7	0.052	0.042	0.027	0.014	0.008	0.091	0.059	0.036	0.027	0.011
14	0.190	0.124	0.089	0.061	0.027	0.277	0.184	0.095	0.069	0.037
28	0.331	0.223	0.170	0.096	0.056	0.390	0.267	0.149	0.089	0.061

注 当采用抑制措施时，试件28d膨胀率小于0.10%，则判定抑制效果满足要求（而非采用14d膨胀率）。

当然，对于高强度等级混凝土而言，由于采用高掺粉煤灰抑制骨料碱活性会造成强度无法满足设计要求，故必须采用高强度等级水泥或采用硅灰抑制措施。

3.2 天然砂颗粒级配不连续、细颗粒偏少的改进方法

对于天然砂级配不连续、细颗粒含量不足的状况，

一般采取在天然砂中加入人工石粉、粉煤灰等矿粉手段加以改善。鉴于当地条件，我们在天然砂中掺入部分粉煤灰以改善天然砂级配并增加细颗粒含量。水口坝下工程和永泰抽水蓄能电站前期工程采用部分粉煤灰来改善天然砂颗粒级配，试验结果见表5及表6。

表5　水口坝下工程采用部分粉煤灰替代天然砂颗粒级配试验结果

（粉煤灰替砂率为体积比）

粉煤灰替砂率/%	指标类型	筛孔尺寸公称粒径/mm							细度模数(F.M)
		5.00	2.50	1.25	0.630	0.315	0.160	<0.160	
0	筛余率/%	5.6	7.6	22.0	35.0	28.1	1.0	0.7	3.05
	累计筛余/%	5.6	13.2	35.2	70.2	98.3	99.3	100.0	
2	筛余率/%	5.5	7.5	21.6	34.4	27.6	1.0	2.4	3.00
	累计筛余/%	5.5	13.0	34.6	69.0	96.6	97.6	100.0	
4	筛余率/%	5.4	7.4	21.2	33.8	27.1	1.0	4.1	2.94
	累计筛余/%	5.4	12.8	34.0	67.8	94.9	95.9	100.0	
6	筛余率/%	5.3	7.2	20.9	33.2	26.6	1.0	5.8	2.89
	累计筛余/%	5.3	12.5	33.4	66.6	93.2	94.2	100.0	
7	筛余率/%	5.3	7.1	20.7	32.9	26.4	0.9	6.7	2.86
	累计筛余/%	5.3	12.4	33.1	66.0	92.4	93.3	100.0	
8	筛余率/%	5.2	7.1	20.5	32.6	26.1	0.9	7.6	2.83
	累计筛余/%	5.2	12.3	32.8	65.4	91.5	92.4	100.0	
9	筛余率/%	5.2	7.0	20.3	32.3	25.9	0.9	8.43	2.80
	累计筛余/%	5.2	12.2	32.5	64.8	90.7	91.6	100.0	
10	筛余率/%	5.1	7.0	20.1	32.0	25.7	0.9	9.30	2.77
	累计筛余/%	5.1	12.1	32.1	64.1	89.8	90.7	100.0	
DL/T 5144—2015累计筛余/%	Ⅰ区	10~0	35~5	65~35	85~71	95~80	100~90	—	F.M=2.2~3.0
	Ⅱ区	10~0	25~0	50~10	70~41	92~70	100~90	—	
	Ⅲ区	10~0	15~0	25~0	40~16	85~55	100~90	—	

表6　永泰抽水蓄能电站前期工程采用部分粉煤灰替代天然砂颗粒级配试验结果

（粉煤灰替砂率为体积比）

粉煤灰替砂率/%	指标类型	筛孔尺寸公称粒径/mm							细度模数(F.M)
		5.00	2.50	1.25	0.630	0.315	0.160	<0.160	
0	筛余率/%	10.6	13.7	16.9	25.2	29.6	2.5	1.5	3.06
	累计筛余/%	10.6	24.3	41.2	66.4	96.0	98.5	100.0	
2	筛余率/%	10.4	13.5	16.6	24.8	29.1	2.5	3.1	3.00
	累计筛余/%	10.4	23.9	40.5	65.3	94.4	96.9	100.0	
3	筛余率/%	10.3	13.3	16.5	24.6	28.8	2.4	4.1	2.97
	累计筛余/%	10.3	23.6	40.1	64.7	93.5	95.9	100.0	
4	筛余率/%	10.2	13.2	16.3	24.3	28.6	2.4	5.0	2.94
	累计筛余/%	10.2	23.4	39.7	64.0	92.6	95.0	100.0	

粉煤灰替砂率/%	指标类型	筛孔尺寸公称粒径/mm							细度模数(F.M)
		5.00	2.50	1.25	0.630	0.315	0.160	<0.160	
5	筛余率/%	10.1	13.1	16.2	24.1	28.3	2.4	5.8	2.91
	累计筛余/%	10.1	23.2	39.4	63.5	91.8	94.2	100.0	
6	筛余率/%	10.1	13.0	16.0	23.9	28.1	2.4	6.5	2.88
	累计筛余/%	10.1	23.1	39.1	63.0	91.1	93.5	100.0	
DL/T 5144—2015 累计筛余/%	Ⅰ区	10~0	35~5	65~35	85~71	95~80	100~90	/	F.M=2.2~3.0
	Ⅱ区	10~0	25~0	50~10	70~41	92~70	100~90	/	
	Ⅲ区	10~0	15~0	25~0	40~16	85~55	100~90	/	

从表5和表6可知，当粉煤灰替砂率为8%时，水口坝下工程天然砂大于0.315mm颗粒的累计筛余为91.5%，落在中砂区范围，故采用粉煤灰替砂率为8%。同理，永泰抽水蓄能电站前期工程天然砂采用粉煤灰替砂率为5%。

两个工程均采用上述粉煤灰替砂后，天然砂级配连续，细颗粒含量适中，大于0.315mm的颗粒处于70%~92%之间。这时拌制的混凝土无泌水和分离现象，混凝土和易性良好。

4 结语

近年来，闽江流域开采生产的砂石料存在质量问题，如粗骨料存在碱-硅活性；天然砂级配不连续，细颗粒较少，拌制的混凝土离析、泌水等现象。据此，中心试验室采用不少于30%的粉煤灰有效抑制了粗骨料碱-硅活性反应，且采用部分粉煤灰替代砂以改善砂颗粒级配并增加天然砂细颗粒含量，极大改善了混凝土的和易性。本文供类似工程借鉴，不足之处，敬请指正。

帕卢古水利枢纽工程优化设计探讨

李京东/中国电建集团国际工程有限公司

【摘　要】　本文在研究加纳帕卢古水利枢纽项目前期技术资料基础上，结合现场工程条件和已建电站的设计和施工经验，对正常蓄水位和枢纽布置方案等内容进行合理优化，在满足技术要求前提下，进一步降低工程造价并降低施工难度。该项目的部分优化思路可为类似工程提供一定的借鉴。

【关键词】　帕卢古　正常蓄水位　枢纽布置　优化

1　项目概况

帕卢古水利枢纽工程位于加纳共和国北部的白沃尔特河上，是一座具有灌溉、发电、防洪、渔业养殖以及城乡供水效益的综合性水利枢纽工程。项目的建设单位是沃尔特河道管理局，由某国际咨询公司牵头前期技术工作。白沃尔特河已建电站共三级，自上而下分别为巴格瑞（Bagre，位于布基纳法索）、阿科松博（Akosombo）和克蓬（Kpong），拟建的帕卢古电站位于已建的巴格瑞和阿科松博之间。电站采用坝式开发，

装机容量为 59.6MW，多年平均发电量为 176GW·h，装机年利用小时数为 2983h。工程建成后与下游阿科松博和克蓬两梯级电站联合运行，对下游两电站进行调节，并新增灌溉面积 24841hm²，解决瓦勒瓦勒镇（Walewale）3 万人生活饮水。除发电带来的经济效益外，社会效益也非常显著。

（1）径流资料。帕卢古水库坝址径流计算考虑了上游巴格瑞水库调节影响和巴格瑞水库远期灌溉用水需求。坝址处多年平均流量为 121.3m³/s，相应的年径流总量为 38.3 亿 m³。据收集的资料，帕卢古水库坝址处 1957—2012 年长系列逐月径流成果见图 1。

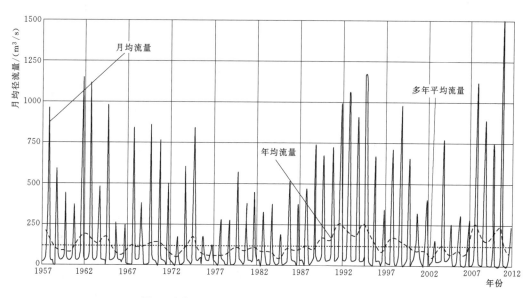

图 1　帕卢古水库坝址处 1957—2012 年长系列径流系列

（2）水库水位-面积-库容关系曲线。帕卢古水库水位-面积-库容关系曲线见图 2。

（3）厂址水位-流量关系曲线。厂址水位-流量关系

曲线见图 3。

（4）水库蒸发。帕卢古水库年净蒸发量为 884mm，全年蒸发情况见图 4。

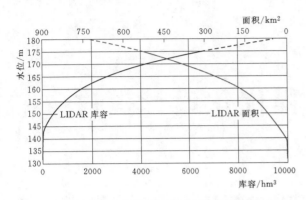

图 2 帕卢古水库水位-面积-库容关系曲线

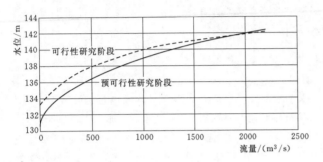

图 3 厂址水位-流量关系曲线

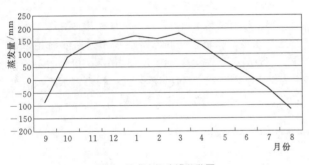

图 4 帕卢古水库净蒸发图

（5）径流调节计算。帕卢古水库上游已建巴格瑞水库，控制流域面积35300km²，水库库容17.5亿 m³，其中调节库容为14.7亿 m³。

帕卢古电站径流调节计算采用1957—2012 年长系列逐月平均流量进行径流调节计算。帕卢古入库径流考虑受上游巴格瑞水库调节，并考虑巴格瑞水库远期灌溉用水需求。

（6）水库特征水位。帕卢古水库建成后随着泥沙的不断淤积最终达到冲淤平衡，在预期的淤积高程以上设置死水位152.00m。根据某国际咨询公司正常蓄水位比选研究结论，拟推荐正常蓄水位为170.00m。

2 优化调整方案探讨

项目团队在对坝址区地形地貌和地质特征进行现场考察后，结合已有研究成果，充分考虑类似大坝项目的施工经验，着重探讨从以下几个方面进行优化调整的可能性。

2.1 正常蓄水位优化

咨询公司建议的正常蓄水位170.00m对上游淹没影响巨大。经过论证，正常蓄水位降低5m后，虽然调节库容减少，但仍能满足生态流量及灌溉用水需求；淹没的农业用地从162km² 降至113km²，降低30%；淹没的自然保护区面积从281km² 减小到217km²；正常蓄水位降低后，仍能抵御15年一遇洪水；发电量方面，年平均发电量从209GW·h 减少至 176GW·h，减少16%，该部分减少的电量可通过建设光伏电站进行补充。综上考虑，由于帕鲁谷水利枢纽的主要功能是灌溉和防洪，因此在满足灌溉和防洪需求的前提下，减小对上游耕地及自然保护区的淹没影响，正常蓄水位从170.00m降低至165.00m是可行的，也是必要的。

2.2 枢纽布置和主要建筑物设计优化

（1）为节省投资，考虑减少混凝土坝段的长度。除必要的泄洪坝段、冲沙孔（导流）坝段、发电厂房坝段外，仅在溢洪道的左侧保留一宽25m的混凝土坝段，混凝土坝段和左右岸土石坝段采用侧墙衔接。

（2）缩短厂房和挡水坝之间的衔接距离，从而减少连接段的工程量，同时也减少冲沙底孔下游侧涵管的总体长度。

（3）适当调整溢流坝段、底孔坝段以及进水口坝段检修闸门槽的位置，使溢流表孔、底孔以及进水口上游检修闸门的启闭可以共用1个坝顶门机。

（4）对于底孔，咨询公司建议设置1道检修闸门、1道事故闸门以及1道弧形工作闸门。结合底孔的功能、利用率、水头大小等因素，根据已建工程经验，对底孔闸门进行优化，将上游的检修闸门改换成事故检修闸门，在底孔出口再设置1道弧形工作闸门。

3 优化设计方案概况

（1）动能指标。帕卢古水电站动能指标复核成果见表1。

（2）枢纽布置和主要建筑物。发电工程包含挡水大坝、副坝、发电厂房等主要建筑物。坝址位置：北纬10°34′59.54″，西经 0°41′33.81″，位于嘎巴噶（Gambaga）陡崖西北侧7km处。

主坝从左至右依次为左岸黏土心墙堆石坝、碾压式混凝土重力坝和右岸黏土心墙土坝，坝顶高程168.00m，防浪墙顶高程169.20m，坝顶宽度8m，最大坝高约 60m，正常蓄水位165.00m，设计洪水位165.00m，最大洪水位165.87m。坝顶轴线长1796m，

表1　　　帕卢古水电站动能指标复核成果

项　目	单位	数据	备注
坝址控制流域面积	km²	57032	
坝址多年平均流量	m³/s	121.3	
正常蓄水位	m	165.00	
调节库容	亿 m³	20.51	
最低尾水位	m	134.00	
单机容量	MW	29.5	
最大水头	m	30.4	
最小水头	m	15.5	
最大水头损失	%	2	占毛水头比例

其中左岸黏土心墙堆石坝长920m，混凝土重力坝段长174m，右岸黏土心墙土坝长707m。

左岸黏土心墙堆石坝段上游坝坡1:1.7，下游坝坡1:1.7，采用黏土心墙和防渗帷幕进行防渗。坝基直接挖除原地面1m，黏土心墙顶宽4m，两侧边坡1:0.25，心墙外侧设反滤层，下游侧设排水层，坝体上游坡采用抛石（riprap）防护，下游坡采用堆石防护。坝顶铺设0.7m厚砾石路面。

碾压式混凝土重力坝位于主河床上，从左至右依次布置冲沙底孔、进水口、挡水坝（含生态放水孔）、溢流坝、挡水坝。挡水坝上游直立，下游采用1:0.8的设计坝坡，坝体采用三级配碾压混凝土，上游侧设置1m厚的富浆混凝土和3m厚的二级配碾压混凝土作为坝体防渗结构。溢流坝共6孔，孔口尺寸10m×11m，采用消能戽消能，下游设20m的短护坦。进水口共两孔，分别对应一台机组，进水口设拦污栅，引水管直径5.8m。导流底孔共4孔，孔口尺寸4m×5m，后期将靠近河床的2个导流底孔改建成泄洪底孔，改建后的孔口尺寸为3m×2m，另外2个导流底孔进行封堵。

右岸土坝上游坝坡1:3.0，下游坝坡1:2.5，采用黏土心墙+防渗帷幕进行防渗。坝基直接挖除原地面1m，黏土心墙顶宽4m，两侧边坡1:0.25，心墙外侧设反滤层，下游侧设排水层，坝体上游面设反滤层，坡面采用抛石（riprap）防护，下游坡采用堆石防护。坝顶铺设0.7m厚砾石路面。

发电厂房为坝后式地面厂房，布置在主坝碾压混凝土重力坝坝趾下游左侧的台地上，坝式进水口位于主坝进水口坝段。安装两台单机容量为29.8MW的轴流转桨式机组。发电厂房包括主副厂房、安装间以及中控楼等主要建筑物。

（3）机组台数及额定水头。帕卢古电站装机容量为59.6MW，多年平均发电量为1.76亿kW·h，装机年利用小时数2983h，电站保证出力16.5MW，装机容量和保证出力之比为3.6。帕卢古电站保证出力相对较高且水库具备多年调节性，枯水期较小的径流可通过水库调节后满足机组发电需要，枯水期机组运行有保障。从电站投资、机组运行情况和厂区布置等方面分析，本电站采用2台机组比较合适。

帕卢古水电站具有多年调节能力，在电力系统中可担负调峰任务。电站最大水头为30.40m，最小水头为15.50m，出力加权平均水头为28.40m，水头不高，水库消落深度13m，水头变幅不大。本电站额定水头的选取，除需考虑高水头时水轮发电机组的运行工况外，还应防止水轮机在死水位附近运行时因额定水头选取过高而引起受阻容量的增大。基于以上分析，并根据本电站水头变化范围、水库的调节性能，结合本电站在当地电力系统中的作用，额定水头选定为27.8m，与出力加权平均水头的比值为0.978，处于0.95~1的范围内。

4　结语

本电站优化措施如下：经充分比选论证，降低正常蓄水位5.00m；优化枢纽布置，包括减少混凝土坝段的长度、缩短厂房和挡水坝之间的衔接距离、适当调整溢流坝段、底孔坝段以及进水口坝段检修闸门槽的位置、对底孔闸门进行优化等。方案优化在节省投资的同时也降低了施工技术难度。同时，由于优化方案更切合工程实际条件，并经过充分的论证，优化方案得到了业主和咨询单位的高度认可。根据优化方案，项目建成后，对促进当地经济发展和改善当地民生将产生深远影响。

碾盘山水利枢纽工程一期
导截流设计及施工

马辉文　胡守海　朱永建/中国水电基础局有限公司

【摘　要】本文通过分析汉江中下游碾盘山水利枢纽工程的水文、气象、地形和地质等特点，结合水工模型成果及水下地形条件，论述了水利枢纽工程导流、截流设计及其施工方法，为其他类似工程的导截流施工提供了较好的借鉴。

【关键词】碾盘山水利枢纽　导流　截流　围堰　设计　施工

1　工程概况

湖北省碾盘山水利水电枢纽工程是国务院批复的《长江流域综合规划》推荐的汉江梯级开发方案中的重要组成部分，也是172项节水供水重大水利工程之一。工程位于湖北省荆门市的钟祥市境内，地处汉江中下游干流，上距规划中的雅口航运枢纽58km、丹江口水利枢纽坝址261km，下距兴隆水利枢纽117km，是汉江中下游梯级规划中的第5级。该工程为Ⅱ等工程，规模为大（2）型，主要永久性水工建筑物为2级建筑物，导流明渠、一二期围堰为枢纽工程的临时建筑物，级别为4级。水库总库容9.02亿 m³，调节库容0.83亿 m³。电站装机18万 kW。通航建筑物级别为Ⅲ级。工程属于平原河槽型水库，库区两岸以堤防为主、局部为岗地。枢纽为河床式电站，采用围堰一次性拦断河床，采用左岸河滩地开挖明渠导流方式分期施工。

2　水文气象及工程地质情况

汉江流域属东亚副热带季风气候区，气候具有明显的季节性，冬有严寒，夏有酷热。坝址处多年平均降水量为950mm，降水主要集中在5—8月的春夏两季，其降水量占年降水的58.3%。多年平均气温为16.3℃，多年平均风速为2.99m/s。汉江洪水由暴雨产生，洪水的时空分布与暴雨一致，夏、秋季洪水分期明显是本流域洪水的最显著特征。汉江流域暴雨多发生于7—9月三个月内，大暴雨、洪水多发生于7月，9月次之，8月又次之。

坝区广泛分布第四系冲积层，仅在右岸沿山头有白垩系上统跑马岗组的岩石出露。左岸Ⅰ级阶地壤土厚0.50～8.90m，含有机质壤土厚1.50～4.00m，含有机质砂壤土厚7.30～14.40m，粉细砂厚8.20～11.00m，砂砾石厚7.60～11.20m。河床覆盖层主要为粉细砂和砂砾石，粉细砂厚8.80～13.10m，砂砾石厚0.30～10.10m。右岸岗地黏土厚2.00～7.10m，层底高程51.48～56.80m。基岩岩性较复杂，呈夹层、互层或韵律状分布，岩性有砂岩、泥质粉砂岩、粉砂质泥岩、中粗砂岩和含砾中粗砂岩。

3　导流设计及施工

3.1　导流方案

碾盘山水利枢纽一期围堰工程由上、下游横向围堰及纵向围堰组成，一期横向围堰布置在河道右岸，左岸为导流明渠，两者之间为纵向围堰，设计均为土石围堰。围堰保护对象为1级和2级建筑物，围堰经历2个完整汛期，最大高度约18m，库容约7.3亿 m³。根据《水利水电工程施工导流设计规范》（SL 623—2013）导流建筑物级别划分标准，导流建筑物为4级建筑物。对土石结构的4级导流建筑物，对应的洪水标准为20年一遇～10年一遇。考虑工程布置上两岸高压线塔的限制以及库区现有堤防设计挡水水位等条件，尽量减少上游淹没，确保汉江大堤的度汛安全，且工程所处河段为平原河流，上游丹江口水库对洪水有调蓄作用，根据水文成果分析，坝址处受丹江口水库影响的碾盘山枢纽10年一遇设计洪峰流量13500m³/s。故导流方案及标准为主体工程施工期导流明渠过流，一期上、下游围堰和纵向围堰挡水，导流设计流量为全年10年一遇洪峰流量13500m³/s。结合碾盘山坝址处的地形、地质条件及水工建筑物的布置特点，在正式蓄水前的主体工程施工期，采用围堰一次拦断河床、基坑全年施工、左岸开挖明渠的导流方式进行施工。工程分两期施工：一期开挖左岸导流明渠导流，厂房、泄水闸、船闸等建筑物在一期围堰的保护下进行施工；二期进行左岸土石坝施工，封堵导流明渠，右岸已建泄水闸导流。

3.2 导流明渠设计

综合坝址区地形地质条件及枢纽建筑物的布置，对左右岸明渠线路分析比较，考虑坝址左岸Ⅰ级阶地高程较右岸岗地低，无出露岩石，与大面积河滩相接且修建有汉江堤防。右岸岗地临江近似直立的陡岸，基岩埋深浅且汉江航道位于右岸。经综合分析，选择左岸河滩地开挖导流明渠，明渠右侧为土石纵向围堰，左侧为左岸新建副坝。导流明渠按4级临时建筑物设计，设计流量为10年一遇洪峰流量13500m³/s。明渠轴线全长2338.1m，分为直线段和弯道，明渠底宽250m，顶部开口宽度350～400m，进出口与上下游河道相接。两岸开挖边坡1:3，在42.00～41.00m高程设10m宽马道，进出口底板高程分别为39.00m和38.00m。由于需要满足小流量通航需求，导流明渠底部沿中心线扩挖80m宽、1.2～2.0m深沟槽，并与上下游主航道相接。

3.3 导流明渠施工

开挖施工：导流明渠原地面标高为43.70～47.00m，明渠土方开挖最大深度为9.7m，超过普通挖掘机的最大挖深值，根据本工程特性故采用分层开挖方法。土方边坡开挖按照"分层开挖、先挖先防护"的原则，配置33台铲斗容量1.5m³、2m³两种型号的反铲直接开挖装车，320台20t自卸汽车运输，38台YT220推土机辅助集料。根据现场地形采用挖掘机配自卸汽车从高至低一层一层往下开挖，每层开挖深度控制在2～5m，严禁自下而上或采取倒悬的开挖方法。开挖至马道及设计边坡时预留30cm厚土层，后采用长臂挖机或推土机进行修坡，防止超挖，削坡随进度进行。护坡待马道开挖完成后从下到上进行护坡施工。开挖时严格控制开挖深度，避免破坏基底土，预留保护层在坡面防护施工前采用人工辅助机械进行剥离，保护层开挖必须保护原状土不受扰动。明渠开挖采用分区域分层进行施工，导流明渠整体施工共分为3个区域，分别为Ⅰ区、Ⅱ区、Ⅲ区，并根据防洪度汛要求以高程为界线进行开挖，先开挖Ⅰ区、Ⅱ区高程41.00～41.60m以上，枯水期进行Ⅰ区、Ⅱ区高程41.00～41.60m以下开挖及Ⅲ区土方开挖施工，并直接挖至设计高程。

明渠防护施工：明渠防护范围为左岸1－180～0＋200，右岸进出口裹头及右岸0－345～0＋725，左右岸边坡防护自下而上分别为土工布、砂卵石垫层及钢筋石笼。左岸渠底为钢筋石笼（同边坡防护结构）接预制混凝土铰链排，铰链排下设有纺布，有纺布下设土工布；铰链排尾部设置抛石防冲槽。右岸渠底为钢筋石笼（同边坡防护结构），钢筋石笼尾部设置抛石护底。土工布采用人工滚铺，坡面铺设自下而上进行，在顶部和底部采用压沙袋固定，并随铺随压重；铺放平顺，松紧适度，并与坡面密贴，接缝须与坡面线相交，长丝或短丝土工布的安装采取缝合连接法，即用专用缝纫机进行双线缝合连接。砂卵石料铺筑采用1.0m³挖掘机在作业面卸料，人工平整，砂卵石料铺筑严格控制铺料厚度。在钢筋加工厂对钢筋进行下料加工，将加工好的钢筋运往施工现场进行拼装焊接，钢筋笼采用吊车配合人工安放就位，石笼间采用14号铁丝绑扎连接形成整体。钢筋笼填石用载重车将块石拉到工作面，挖掘机填装，人工配合。混凝土铰链排提前预制并预埋穿钢绞线PVC管道，运输至施工面用吊车配合人工安放到位，铰链排采用1根7丝、直径15.2mm的钢绞线连接，外露钢绞线通过钢绞线连接器连接成一个整体，最终左岸所有的铰链排形成一个整体，铰链排外露钢绞线与明渠坡脚的钢筋石笼脚槽绑扎连接在一起。

4 截流设计和施工

4.1 一期围堰结构

一期围堰为4级建筑物，设计洪水标准选用全年10年一遇（$P=10\%$）洪水，相应洪水流量$Q=13500$m³/s。一期围堰包括上、下游横向围堰及纵向围堰，设计均为土石围堰，梯形断面。上、下游及纵向围堰均位于汉江河床，建在砂壤土、壤土、粉细砂及砂砾石覆盖层上。上、下游横向围堰防渗采用塑性混凝土防渗墙上接复合土工膜斜墙，纵向围堰防渗采用塑性混凝土防渗墙上接复合土工膜心墙。防渗墙厚0.4m，深入基岩1.0m。上下游围堰迎水侧采用钢筋石笼及干砌石防护，纵向围堰迎水侧采用钢筋石笼防护，围堰背水侧均采用草皮护坡。一期围堰技术特性见表1。

表1　一期围堰技术特性

项目	上游围堰	下游围堰	纵向围堰
堰顶高程/m	51.13	49.51	51.13～49.51
围堰长度/m	806.63	1111.16	868.22
堰顶宽度/m	10	10	8

4.2 截流设计

4.2.1 截流时间及相应流量

根据施工进度安排、水文气象资料分析及现场施工条件，综合考虑截流时段安排在 2019 年 3 月底。根据《水利水电工程施工组织设计规范》（SL 303—2017）的规定，截流标准可采用截流时段重现期 5～10 年的月平均流量，设计采用 3 月 $P=20\%$ 的月平均流量 $Q_{20\%}=1110\mathrm{m}^3/\mathrm{s}$。

4.2.2 截流方式

本工程一期横向围堰布置在河道的右岸，左岸为导流明渠，两者之间为纵向土石围堰。由于一期上游横向围堰预进占时期，导流明渠还未过水，河水仅通过束窄的右岸河床过流，此时左岸交通可利用导流明渠进口土埝或明渠内道路经裹头围堰到达截流戗堤左肩头，待龙口合龙阶段，明渠已经过水，利用事先准备在纵向土石围堰上游处的机械车辆及河道存渣场的截流备料进行龙口段的抛填。右岸有道路可以抵达围堰肩头。故本工程选择上游左右岸双向进占单戗立堵的截流方式，戗堤预进占阶段主要从左岸进占、右岸辅助。合龙阶段以右岸为主、左岸辅助，分流建筑物为导流明渠。

4.2.3 截流戗堤布置

本工程截流戗堤与上游土石围堰体型相结合，布置在围堰轴线的下游侧，河床截流后，该戗堤结构将成为上游土石围堰堰体的一部分。上游围堰为上部采用土工膜斜墙、下部塑性混凝土防渗墙的土石围堰。为防止截流时戗堤大粒径抛投料流失进入防渗墙槽孔部位导致防渗墙施工难度增加，避免形成集中渗流通道而影响围堰安全运行，截流戗堤布置于防渗墙下游侧。截流戗堤中心线位于大坝上游围堰轴线下游 24.33m 处，防渗墙下游 50.32m 处，呈直线布置。本工程导流建筑物为 4 级，截流戗堤的设计洪水标准为 12 月至次年 4 月 $P=20\%$ 洪峰流量 1530m³/s，经计算，对应的上游水位为 42.76m，确定戗堤顶高程为 43.50m。上游围堰戗堤顶宽为 12m，戗堤按梯形断面设计，上下游坡比均为 1:2。截流戗堤填筑材料为石渣和块石料，截流戗堤总长 726m。截流戗堤布置剖面见图 1。

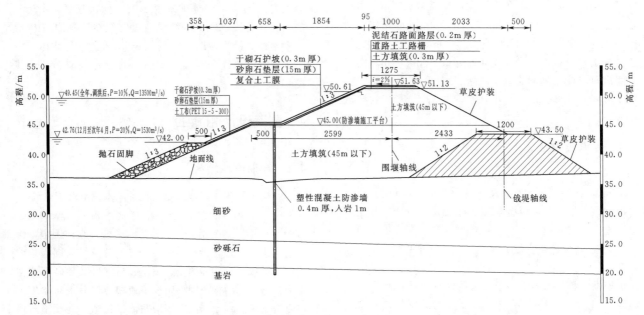

图 1　截流戗堤布置剖面图（单位：cm）

4.2.4 截流水力学指标

碾盘山水利水电枢纽工程一期河床截流为淤积型覆盖层河床截流，不仅存在覆盖层冲刷带来的截流风险，且存在施工期通航问题。为确保安全经济截流，有效解决相关关键技术问题，采用 1:90 截流整体模型进行了试验研究。

考虑到上游丹江口水库的调蓄作用，截流时流量不一定达到 1100m³/s。为实现安全、经济的截流目标，试验紧密结合现场实际，在原地形、实测地形两种地形边界以及设计及实测两种水位流量关系边界条件下，对

截流设计流量 $Q=1110\mathrm{m}^3/\mathrm{s}$ 及 $Q=650\mathrm{m}^3/\mathrm{s}$、$Q=845\mathrm{m}^3/\mathrm{s}$、$Q=1310\mathrm{m}^3/\mathrm{s}$ 等四级流量下截流进占过程水力特性进行了测试及分析。龙口段进占截流水力特性汇总见表 2，各工况戗堤龙口段特征水力参数对比表见表 3。

表 2　龙口段进占截流水力特性汇总表
（$Q=1110\mathrm{m}^3/\mathrm{s}$）

口门宽度/m	160	120	90	60	30	15	0
总落差/m	0.92	0.93	1.02	1.22	1.34	1.42	1.59
戗堤落差/m	0.35	0.41	0.51	0.64	0.91	1.14	1.23

明渠分流量/(m³/s)	540	550	595	690	770	820	920
明渠分流比/%	48.6	49.5	53.6	62.2	69.4	73.9	82.9
龙口分流量/(m³/s)	570	560	515	420	340	290	190
左堤头最大流速/(m/s)	1.95	1.79	2.50	2.27	3.03	3.92	—
右堤头最大流速/(m/s)	—	1.57	2.41	3.20	3.00	3.84	—
龙中线最大流速/(m/s)	1.91	2.02	2.31	2.95	3.03	4.00	—

在实测地形及实测水位-流量关系边界条件下,在截流设计流量 $Q=1110\text{m}^3/\text{s}$ 时,戗堤合龙后截流总落差为1.59m,戗堤落差为1.23m,戗堤上游平均水位为

41.07m;堤头及龙中线最大流速发生在龙口宽15～30m阶段,堤头最大流速为3.92m/s,龙中最大流速为4.00m/s;整个截流进占可用中石完成截流,无流失。

在实测地形条件下,各级流量下的截流总落差及戗堤落差规律不明显。主要是因为明渠底板高程为39.00m,介于几级流量的下游控制水位之间,为敏感水位段,下游水位变化对明渠的分流能力影响较大。在实测地形条件下,各级流量下的左右堤头及龙口流速比较,有随流量增大而增大趋势。在 $Q=845\sim1310\text{m}^3/\text{s}$ 时,左右堤头最大流速在3.45～4.08m/s之间,龙口最大流速在3.28～4.00m/s之间。

表3 各工况戗堤龙口段特征水力参数对比

地形/模型	流量/(m³/s)	轴线下游1500m水位/m	截流总落差/m	戗堤落差/m	合龙时戗堤前水位/m	左堤头最大流速/(m/s)	右堤头最大流速/(m/s)	龙口最大流速/(m/s)
原地形/定床	1110	40.98	0.59	0.56	41.54	2.54	2.34	2.95
原地形/动床	1110	39.48	1.58	1.23	41.06	3.60	3.45	3.93
实测地形/动床	650	38.63	1.75	1.13	40.38	—	3.14	2.25
	845	39.07	1.68	1.23	40.65	3.45	3.39	3.28
	1110	39.48	1.59	1.23	41.07	3.92	3.84	4.00
	1310	39.75	1.61	1.28	41.36	4.08	3.41	3.75

4.2.5 龙口位置、分区及抛投物料

结合截流模型成果、设计、通航要求、龙口布置情况及截流强度等,将龙口布置于河床靠右岸位置。上游横向围堰截流戗堤分为非龙口段及龙口段。非龙口段为左、右岸预进占段,右岸向左岸预进占113m,左岸向右岸预进占353m,均在堤头抛投大块石裹头保护。龙口段宽度260m,分为4个区(图2)。

根据截流工程的难易程度、截流模型试验成果及岩石特性,截流抛投物分别选择中块石、大块石及混凝土块串体。龙口抛投材料粒径按照伊兹巴什公式的计算结果,并参照国内外水电工程截流的实际资料,综合分

析确定。当量直径0.7～0.9m为大石,当量直径0.4～0.7m为中石,当量直径大于0.9m为特大石,混凝土块2m×0.5m×0.5m(导流明渠防护用铰链排混凝土预制块),混凝土块预埋DN32 PVC管,采用6股37根麻绳钢丝绳、型号公称直径17.5mm的钢丝绳将每6～8块串联并用U形卡扣相接组成混凝土块串体。在龙口流速较小的抛投区,主要使用中块石;在龙口流速大的抛头区主要大块石,局部部位和时段采用特大块石及混凝土块串体,以抵抗流速冲刷,保证戗堤稳定。根据截流水力学计算成果分析,参照类似工程截流施工经验,结合截流模型试验,龙口不同分区的抛投材料数量见表4。

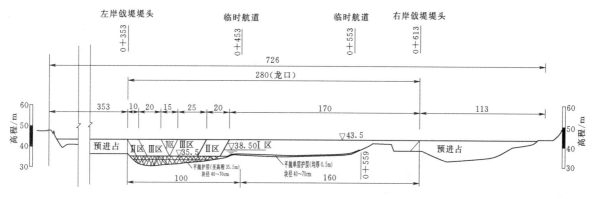

图2 龙口分区布置图(单位:m)

表4 龙口不同分区的抛投材料表

| 项目 | 平抛护底 | 非龙口区 | 龙口区 | | | | 总计 | 备料总计（龙口） |
			I区	II区	III区	IV区		
抛投总量/万 m³	1.83						1.83	
中块石/万 m³		8.74	2.18	0.59	0.71	0.24	3.72	4.84
大块石/万 m³		0.1			0.3	0.1	0.4	0.52
混凝土块/个					290	148	438	438

4.2.6 截流强度和施工设备

龙口抛投强度与戗堤前沿能同时布置的抛投点数成正比，根据经验公式及所选参数，考虑流失系数、龙口合龙总抛投量，龙口I区长度170m，龙口从右岸单向进占，计划耗时5d，抛投2.83万 m³，抛投强度为340m³/h；龙口II区、III区、IV区长度共90m，左右岸双向进占，计划耗时2d，抛投强度为680m³/h，左右岸戗堤共布置4个卸料点同时卸料。

施工设备的配置和布置主要满足截流施工强度要求，且考虑截流道路布置、设备完好率等。为满足截流抛投强度的要求，需配备足够的装、挖、吊、运设备，优先选用大容量、高效率、机动性好的设备。根据截流抛投强度680m³/h配置挖装运设备，截流选用的主要机械设备见表5。

表5 截流施工主要机械设备表

| 设备分类 | 型号 | 规格 | 单位 | 数量 | | | |
				左岸	右岸	备用	合计
反铲	PC300	1.4m³	台	4	6	左4右2	16
装载机	ZL50	2m³	台	1	1		2
运输设备	自卸汽车	20～25t	辆	20	42	左4右4	70
推土机	山推SD16	120kW	台	2	2		4
	山推SD22	162kW	台	2	1		3
	山推SD32	235kW	台	1	1		2
吊车	徐工/中联	25t	台	1	1		2
洒水车	东风	10t	台	1	1		2
振动碾	山推SR20M	32/28	台	1	1		2

4.3 截流施工

4.3.1 截流备料

按1110m³/s截流设计水力学指标及抛投材料、截流模型试验及河床地形测量成果等进行备料，为保证截流顺利实施，参照类似工程的截流经验，备料系数取1.3。截至龙口截流前，共备料6.93万 m³，其中中块石5.94万 m³，大块石0.99万 m³，混凝土块438块，串联混凝土块的φ17.5mm钢丝绳500m，U形卡扣150个。所有用于截流的材料均按规格分类在左右岸划分好的备料场堆放，并立牌标识，以便截流时统一指挥调度。

4.3.2 截流道路设计

根据截流双向进占的安排，截流道路及备料场分别在左岸和右岸布置，右岸料场布置在场内R3道路坡脚梯田，距右岸堤头0.7km，右岸料场道路根据场地情况修筑临时R4道路，宽度不小于15m，坡比控制在8%以下。考虑到截流时右岸进占为主，抛投强度大，将右岸截流道路布置成环形，重车从右岸料场经R4道路下坡至戗堤，空车上坡经R3道路返回料场。左岸料场布置在纵向围堰平台及上游横向围堰防渗墙施工平台，距左岸堤头0.5km，根据场地情况将左岸截流道路亦布置成环形，重车从左岸料场经纵向围堰平台下坡至戗堤，空车上坡经防渗墙石渣平台返回料场。

4.3.3 龙口护底

本工程截流属于淤积型覆盖层截流。河床覆盖层多由泥质粉细砂、泥质砂砾石、淤泥质黏土、淤泥以及中粗砂等组成，其抗冲能力极差，在截流流量、落差、龙口流速均较大时，如果保护措施不当，会在截流过程中形成冲刷性破坏、渗漏管涌性破坏、护底体系的自身稳定破坏等，造成戗堤多种形式的坍塌而危及施工人员和机械设备的安全，延长截流困难段时间，如备料不足或不满足抗冲要求，甚至会导致截流失败。根据以往工程经验，对于淤积型覆盖层河床截流，需采取适当的护底措施及必要的基础保沙措施和戗堤防渗措施。

根据截流模型试验成果、设计及通航要求等，上游围堰戗堤截流前，于2019年3月1—15日（平均流量653m³/s）对龙口桩号0+353～0+559进行了平抛护底，护底石料为粒径0.4～0.7m的中块石，船抛石料共13394.21m³，其中戗堤桩号0+353～0+453水深2.5～12m，最大流速1.48m/s，护底均厚3.5m。戗堤桩号0+453～0+559平均水深2.5m，流速0.7～0.84m/s，护底均厚0.5m。

4.3.4 预进占施工

2019年1月26日非龙口段预进占完成，预进占戗堤按顶高程39.50m和设计图纸控制戗堤体型。

左岸戗堤预进占353m，进占物料以中石料为主，围堰土方预进占330m，左岸戗堤预进占填筑石渣料方量6.03万 m³；右岸戗堤预进占113m，进占物料以中石料为主，围堰土方预进占100m，右岸戗堤预进占各类填筑料总计2.81万 m³。

戗堤预进占前对围堰岸坡进行修整，以保证施工质量。戗堤预进占施工时，戗堤落差和流速相对较小，中石石渣料即可稳定，在戗堤前沿全线均匀抛投，使用中石石渣料全断面抛投施工。填筑料采用自卸汽车运输，全断面端进法抛填，推土机配合施工。

预进占完成后用大块石对左、右岸堤头进行保护，大块石采用20～25t自卸汽车运至堤头工作面，推土机直接沿堤头坡面推赶，形成龙口裹头保护，保护水位以下预进占戗堤不被水流冲刷掏空。

考虑到淤积型覆盖层截流的各类风险，需采取必要的戗堤防渗措施。另外，为尽快提供围堰防渗墙施工作业面，在戗堤进占过程中同时跟进填筑抗渗性能较强的石渣、黏土等材料，以提高戗堤自身的抗渗能力、自稳能力及提供防渗墙工作面。

4.3.5 龙口段施工

根据水力学计算、模型试验成果、截流施工方案及河床地形测量成果等，龙口分为Ⅰ区、Ⅱ区、Ⅲ区、Ⅳ区4个区。龙口段施工主要采用全断面推进和凸出上游挑角两种进占方式，在施工中，大块石以堤头集料为主，中石以汽车直接抛投为主。为满足抛投强度，视堤头的稳定情况，采用自卸汽车直接抛填，部分采用堤头集料，大功率推土机赶料方式抛投。

龙口Ⅰ区、Ⅱ区流速不是很大，主要采用中块石直接抛投，2～3个卸料点进占，即自卸汽车运料至堤头后直接卸料入水中，少量块石由推土机配合推入水中。龙口Ⅲ区、Ⅳ区流速较大，为截流最困难时段，为避免抛投量大量流失，抛投大块石、混凝土串体等，重点抛投上角及下游突出部位，采用先在上游侧抛投大料，将水流分离戗堤，再用大料抛投下游侧，将落差分担在上下游两侧，然后再用中石抛投中间，如此轮番交替进占。

经过此阶段后，上游水位壅高较大，流速减小，此时加大抛投强度，使之尽快合龙。

上游围堰戗堤合龙过程完成后，及时在戗堤上游侧填筑黏土料及碎石土，以减少围堰戗堤的渗漏量，便于防渗墙进场施工。下游围堰在静水中进行，不再做戗堤，直接使用相应的填筑料分区填筑。

2019年2月26日河床实测数据显示，临时航道疏浚形成的沙洲致使流态变化，导致左堤头冲刷严重。考虑到平抛护底工程量加大，2019年3月10—14日对右岸戗堤桩号0+613～0+506进行了再次预进占，戗堤上下游落差基本为0，最大流速1.7m/s，最大流量666m³/s。2019年3月14日导流明渠分流，根据水情中心预报及明渠进口冲渣需要，于2019年3月16日实施汉江截流。截流时段最大流量为730m³/s，实测最大龙口水深14.6m，实测龙口最大流速4.2m/s，截流落差实测1.24m，戗堤顶高程41.50m。3月16日10：12开始龙口合龙施工，3月19日18：10龙口合龙。右岸进占长度223.94m，左岸进占长度36.06m，总进占长度260m，截流戗堤抛投总量126837.2m³，龙口抛投量55120.75m³，最大小时抛投强度达到767.93m³/h。

5 结语

（1）对于淤积型覆盖层河床截流，采取适当的护底措施，可减小覆盖层河床冲刷，降低后期龙口段进占截流风险。对于通航河段截流，存在截流与施工期通航的矛盾问题，临时航道的疏浚清淤不当会导致水流态变化，进而致使河床覆盖层冲刷严重，增加截流施工难度。

（2）针对碾盘山水利枢纽工程实际，结合水工模型试验，对汉江一期截流前的施工技术方案、截流施工组织、截流备料、截流机械设备、截流道路和场地等方面进行了具体的设计和充分的准备，整个截流过程顺利，截流取得了成功。

（3）碾盘山水利枢纽工程一期导截流的成功，为该工程按期建成提供了保障。充分做好组织准备工作是本次顺利截流的关键。截流设计合理，技术措施得当，截流过程中密切注意戗堤变化情况，及时采取措施，保证了截流的顺利完成。

浅析林区高陡边坡石方路基开挖施工方法

邹云肖　翟宇佳/中国水利水电第六工程局有限公司

【摘　要】 石方路基开挖多以爆破方式为主，但爆破开挖的飞石极易破坏林区的植被，对周边生态保护的影响较大。本文将爆破开挖和机械破碎开挖两种方式进行比较，结合积累的施工经验，对林区高陡边坡石方路基开挖进行总结，供类似工程参考借鉴。

【关键词】 林区　高陡边坡　石方路基　爆破开挖　机械破碎开挖

1　引言

江苏句容抽水蓄能电站上下库连接道路 B 段位于江苏句容林场，道路呈"之"字形盘山而上，上下层道路高差为 10～20m，自然边坡陡峭，坡度为 20°～30°，边坡范围内的树木多为数十年的成材，价值较高。

石方路基开始施工采用的是控制爆破开挖，但由于开挖边坡高陡，爆破产生的飞石及爆破冲击波震动的块石不可避免地滚落至红线外的山坡，砸坏林区的树木，并对周边的生态环境影响较大。为了保护林区植被及周边生态环境，技术人员针对此工程进行了试验，通过试验的成果，选择最佳施工方案。

2　爆破开挖试验

2.1　试验段选择

试验段选择在上下库连接道路 B 段，具备典型性的地段，桩号为 K1＋486～K1＋520，边坡总长 34m。山坡地形较完整，冲沟不发育，无大型冲沟分布，山坡较陡，自然山坡坡度一般为 20°～30°，局部为 35°，基岩大范围出露，道路沿线植被茂密，多为杉树。

2.2　爆破设计

2.2.1　相关技术要求

（1）采用弱爆破技术控制爆破药量及爆破飞石，避免破坏爆破区域附近植被树木。

（2）优化预裂爆破参数，预裂爆破效果满足规范要求。

（3）优化爆破参数，减少爆破后石块的大块率。

2.2.2　相应技术措施

（1）预裂孔间距控制在 80cm 以内，孔径不超过 90mm，线装药密度控制在 350～400g/m。

（2）采用弱爆破技术，炸药单耗控制在 0.38kg/m³ 左右。

（3）控制爆破抛掷方向，使爆破临空面面向路面两侧。

（4）减小孔距排距，控制单孔药量，排距不超过 2.5m，孔距不超过 3m。

（5）控制缓冲孔间排距及装药量，减少缓冲孔爆破时后拉破坏作用，缓冲孔距预裂面 1.0m，间距为 2.5m。

（6）表层植被清理后不进行覆盖层开挖，利用覆盖层进行压重，控制爆破飞石。

（7）在施工过程中，根据岩石情况及时对爆破参数进行调整。

2.2.3　爆破参数选择

（1）预裂爆破设计。爆区台阶高度 $H＝10m$，台阶坡面角为 53.12°，孔径 $d＝90mm$，超深 $h＝0.65m$，孔深 $L＝H/\sin\beta＋h\approx14m$。

预裂孔线装药密度取 400g/m，炮孔底部 0.3m 范围内采用 3 倍加强装药。

预裂爆破采用导爆索起爆，炸药采用 $\phi32mm$ 药卷，间隔不耦合装药。装药时先将药卷按设计要求用胶布绑扎在竹片上，然后放入孔内并用纸团放置在药卷顶部，最后利用炮泥封堵孔口并密实。钻爆设计参数见表 1。

表 1

钻 爆 设 计 参 数 表

孔深/m	孔径/mm	孔距/m	药卷直径/mm	线装药密度/(kg/m)	底部装药		间隔装药		总药量/kg	堵塞长度/m
					装药量/kg	装药长度/m	装药量/kg	装药长度/m		
14	90	0.8	32	0.4	0.9	0.3	4.2	11.8	5.1	2.0

（2）梯段爆破。爆区台阶高度 $H=5$m，台阶坡面角为 $53.12°$，孔径 $d=90$mm，单耗取 $q=0.36$kg/m³，超深 $h=0.65$m，孔深 $L=H/\sin\beta+h\approx14$(m)，钻孔邻近密集系数 m 取 1.9。

底盘抵抗线计算：$W_d=29\times0.09\approx2.6$(m)

孔距：$a=mW=1.9\times W=3$(m)

填塞长度：$L_p=4$m

单孔装药量：

第一排孔：$Q_1=qaWH$

算得：$Q_1=0.36\times3\times1.6\times5=8.64$(kg)

第二排孔：$Q_2=kqabH$（k 取 0.7）

$Q_2=0.7\times0.36\times3\times2.1\times5\approx8$(kg)

缓冲孔装药量：$Q_3=13.5$kg

梯段爆破采用 CM351 履带式潜孔钻钻孔。炮孔按梅花形布孔，采用乳化炸药爆破，炸药采用 $\phi70$mm 药卷。为防止爆破对设计边坡的振动破坏，靠近预裂面的一排炮孔距预裂面间隔 1.0m 布孔，孔距 2.5m。梯段爆破钻爆设计参数见表 2。缓冲孔爆破钻爆设计参数见表 3。

表 2

梯段爆破钻爆设计参数表

位置	孔深/m	炮孔直径/mm	孔距/m	排距/m	柱状装药		装药总量/kg	堵塞长度/m	单位耗药量/(kg/m³)	超钻深度/m
					长度/m	装药量/kg				
第一排孔	6	90	3.0	2.1	2	8	8	4.0	0.25	0.65
第二排孔	6	90	3.0	2.1	2	8	8	4.0	0.33	0.65
第三排孔	6	90	3.0	2.1	2.5	10	10	3.5	0.41	0.65

注 表中的梯段高度和有关爆破参数须根据现场实际情况适当调整。

表 3

缓冲孔爆破钻爆设计参数表

孔深/m	炮孔直径/mm	孔距/m	下部装药		上部间隔装药		装药总量/kg	堵塞长度/m	单位耗药量/(kg/m³)	超钻深度/m
			长度/m	装药量/kg	长度/m	装药量/kg				
14	90	2.5	3.0	12	7.9	1.5	13.5	3.2	0.35	0.65

（3）联网爆破网络设计。梯段爆破采用微差起爆方案，爆破松动方向控制为路基外侧方向。

最大单响药量为 $13.5\times11=148.5$(kg)，未超过爆破论证报告最大单响药量 240kg 的要求。

单耗计算：此次爆破总方量为 2160m³，炸药总量为 632.9kg，炸药单耗为 0.3kg/m³。

2.2.4 附加措施

为了防止爆破冲击波产生的块石滚落，试验方案中在爆破边坡的坡脚处增设挡渣墙。

（1）在准备进行爆破的边坡下侧沿已打通的临时毛路外侧边线 1m 内布置 $\phi48$mm 钢管桩框架，立杆长度 2～2.5m，间距 2m，埋入地下 0.5～1.0m。如遇回填土地段需将此地段采用反铲整平后，立式夯机夯实，立杆采用人工利用大锤打入，打入时一人立杆，另一人应站立在高度为 1.0m 的马凳上将钢管钉入回填土内，打入深度为 0.8～1.0m，马凳应固定牢固后方可上去作

业。如遇岩基路段需采用手风钻进行钻孔，孔深为 0.5m，钻完后将钢管打入孔内。纵向布置 3 根横杆，2 根横杆按照间距 0.5m 布置，底部横杆距离地面 0.5m，横杆应装在立杆内侧，采用十字卡扣连接。

（2）钢管框架施工完成后，将长 2m、高 1.5m 的防护挡板采用 10 号铁线绑扎固定在钢管框架上；防护挡板采用竹片编织而成，具有较好的韧性。

（3）贴竹片编织防护挡板侧布置挡排土袋，为保证挡排土袋的稳定，断面型式采用直角梯形（上底 0.8m，下底 1.5m，高 1.5m），详见图 1。由于现场基岩裸露，且毛路狭窄，取土只能通过人工利用铁锹、镐进行挖装并搬运至作业段人工进行砌筑；对于现场没有土体的路段，采用 1.6m³ 反铲装 20t 自卸汽车从上库弃渣场取土运至 B 段路基已开挖完成的地段，人工装土并搬运至土工沙袋砌筑现场进行人工砌筑。

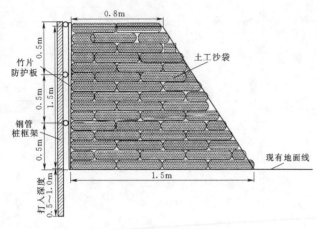

图 1　土袋挡排断面图

3　机械破碎开挖试验

鉴于采用爆破方式无法实现既定目标，技术人员又选取桩号 K1+630～K1+680 试验了预裂爆破结合机械破碎的施工方案。

3.1　施工顺序

预裂爆破→485 液压破碎锤（配 195 炮头）破碎→1.6m³ 反铲将破碎的石渣装车运走→外露大块石后继续破碎→反铲出渣→反复循环直至出渣完成。

3.2　预裂爆破设计

预裂孔采用履带式液压潜孔钻机进行钻孔，预裂孔径为 90mm，间距为 80cm。预裂边坡较高且较陡，需修筑宽 3.5m 临时道路及预裂平台供钻机至边坡预裂平台，临时道路修筑采用液压破碎锤进行破碎。

预裂孔线装药密度参照已开挖部位装药量取 300g/m，炮孔底部 0.3m 范围内采用 3 倍加强装药。

预裂爆破采用导爆索起爆，炸药采用 ϕ32mm 药卷，间隔不耦合装药。装药时先将药卷按设计要求用胶布绑扎在竹片上，然后放入孔内并用纸团放置在药卷顶部，最后利用炮泥封堵孔口并密实。预裂爆破钻爆设计参数见表 4。

2.3　爆破试验效果

飞石量明显减少，爆破后的块石受爆破冲击波和自身重力影响，仍会向下部边坡滚落，滚落至挡渣墙处。其中，体积较大的块石冲击力较大，突破了挡渣墙的阻挡，自身继续向下滚落的同时，将挡渣墙冲出缺口，导致其他块石顺缺口滚落。试验方案虽起到了一定的效果，但受自然条件的限制，无法完全避免块石的滚落。

表 4　　　　　　　　　　　　　　　　　预裂爆破钻爆设计参数表

孔深 /m	孔径 /mm	孔距 /m	药卷 直径 /mm	线装药 密度 /(kg/m)	底部装药		间隔装药		总药量 /kg	堵塞 长度 /m
					装药量 /kg	装药长度 /m	装药量 /kg	装药长度 /m		
15	90	0.8	32	0.3	0.9	0.3	3.6	11.7	4.5	2.0

注　表中的孔深和有关爆破参数须根据现场实际情况适当调整。

3.3　机械破碎开挖

根据预裂爆破后的开挖轮廓线，采用挖机进行表土清除，将所要破碎的石方露出。由于机械破碎的方式为自上而下分层开挖，因此首先需根据实际地形开挖出第一级施工平台，以方便施工机具的摆放。

现场安排施工人员根据实际地形采用布点的方式予以标注，布点间距应适合破碎机械的功效，并方便作业。机械施工时，将炮头压在岩石的布点处，并保持一定压力后开动破碎锤，利用破碎锤的冲击力，将岩石破碎。

机械破碎时挖机配合清除破碎岩体，并将已破碎的岩体装车，运输车辆采用自卸车，运至指定地点，直至该段路基坡面成型并且路基标高达到设计要求。

3.4　机械破碎开挖试验效果

通过实践，机械破碎开挖方式适用于各种岩层，机动性能高，但效率不稳定（坚硬整体的岩石效率约 10m³/h，破碎较软的岩石效率约 25m³/h）。试验过程中，采用机械破碎开挖可以避免块石的滚落，起到保护边坡植被的作用，但设备投入成本较大，且施工工期不能得到有效的保证。

4　结语

通过试验结论的对比，在林区等高陡边坡区域内进行石方开挖，为了保护植被及周边环境，机械破碎开挖更能满足要求，但机械开挖的成本及工期远远超出爆破开挖方式。因此，在选取施工方案时要对成本、工期进行详细的分析，与植被保护的价值进行对比，选择经济效益最佳的施工方案。

本栏目审稿人：姬脉兴　常焕生

矿物掺合料对海工混凝土抗氯离子渗透性能的影响

周官封　付　翔/中国水利水电第十一工程局有限公司

【摘　要】　耐久性一直是各类混凝土设计的重要指标，矿物掺合料的推广应用，显著改善了混凝土的耐久性能，但氯离子对混凝土的侵蚀现象仍大量存在于沿海地区。本文使用正交设计方法研究矿物掺合料对海工混凝土非稳态氯离子迁移系数的影响，采用快速氯离子迁移系数法（RCM 法）测定海工混凝土的非稳态氯离子迁移系数（D_{RCM}）。试验结果表明，混凝土中掺加粉煤灰、矿渣粉和硅灰能有效改善海工混凝土的抗氯离子渗透性能，并得出了最佳矿物掺合料组合方案。

【关键词】　矿物掺合料　正交设计　非稳态氯离子迁移系数　RCM 法

1　引言

基础设施建设紧跟经济发展的步伐，我国沿海地区作为经济高速发展的地区，其工程建设力度和规模也越来越大。随着人类对海洋的认识和开发，工程建设已不断地由近海向远洋地区发展。这就要求工程质量能够克服各种恶劣的现场环境，这无疑也对混凝土的质量提出了更高的要求。

沿海地区和北方寒冷需撒盐除冰地区的工程建设，使专家学者对混凝土抗氯离子渗透性能越来越重视，此方面的研究也日益增多。工程建设中根据混凝土结构腐蚀程度将混凝土所处的区域划分为四区：大气区、浪溅区、水位变动区、水下区。研究表明，浪溅区混凝土结构腐蚀最严重，其次是大气区，水下区最轻。在这些地区，氯离子渗透是钢筋混凝土结构破坏的主要因素之一，当周围环境的氯离子渗透到混凝土中达到一定浓度时，与钢筋接触后会对钢筋造成侵蚀，使钢筋锈蚀、混凝土开裂、剥落等，导致钢筋混凝土结构的承载能力降低。因此，研究混凝土的抗氯离子渗透性能对混凝土结构的耐久性具有重要的意义。文中以浪溅区高性能混凝土为研究对象，根据相关的掺合料掺入标准，以正交设计为试验方案，采用快速氯离子迁移系数法（RCM

法），综合分析"粉煤灰＋矿渣粉"与"粉煤灰＋硅灰"两种双掺类型的混凝土的抗氯离子渗透性能。

2　RCM 试验方法

目前国内较为流行的快速测定氯离子渗透性能的试验方法有电通量法（ASTMC1202）、稳态电迁移法（nord test ntbuild355）、电阻率法等。经过比较，这些方法大多是测定一定时间内通过试件的电量或另外的一些指标来侧面反映氯离子在混凝土中的渗透程度。但 RCM 法不同，RCM 法作为快速测定混凝土中氯离子渗透能力的方法之一，是通过测量氯离子在混凝土中的渗透深度来计算非稳态氯离子迁移系数，能够直观反映混凝土中氯离子的渗透能力。RCM 法的试验装置见图 1。

RCM 法采用高度 50mm ± 2mm、直径 100mm ±1mm 的圆柱体混凝土试块。试验前，提前 7d 从高度 100mm、直径 100mm ± 1mm 的混凝土试块中部截取标准试块，经过真空饱水，在试块高度曲面范围涂抹配制的防水剂（可采用凡士林）后，将试块挤入橡胶桶内，并在桶外试块范围上下固定两道环箍，在橡胶桶内倒入 3％的 NaOH 溶液，静置约 3min，待确定不漏液后，将橡胶桶放入试验槽内，在试验槽内倒入 10％的 NaCl 溶液，使桶内外液面相平，然后按照正负极连接试验仪

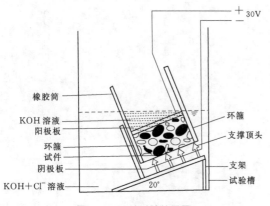

图 1　RCM 法试验装置图

式中　D_{RCM}——混凝土的非稳态氯离子迁移系数，精确
　　　　　　　到 $0.1×10^{-12}\,m^2/s$；
　　　　U——所用电压的绝对值，V；
　　　　T——阳极溶液的初始温度和结束温度的平
　　　　　　均值，℃；
　　　　L——试件厚度，mm，精确到 0.1mm；
　　　　X_d——氯离子渗透深度的平均值，mm，精确
　　　　　　到 0.1mm；
　　　　t——试验持续时间，h。

器。试验时，环境温度控制在 20℃±5℃，在试件两端加载 30V 的直流电压，测定通过试块的初始电流和阳极溶液的初始温度。根据初始电流确定试验时加载的电压和所需试验时间（表 1）。试验结束后，测定阳极溶液的最终温度。

表 1　　　初始电流、电压与试验时间的关系

初始电流 I_{30V}（用 30V 电压）/mA	施加的电压 U（调整后）/V	可能的新初始电流 I_0/mA	试验持续时间 t/h
$I_0<5$	60	$I_0<10$	96
$5≤I_0<10$	60	$10≤I_0<20$	48
$10≤I_0<15$	60	$20≤I_0<30$	24
$15≤I_0<20$	50	$25≤I_0<35$	24
$20≤I_0<30$	40	$25≤I_0<40$	24
$30≤I_0<40$	35	$35≤I_0<50$	24
$40≤I_0<60$	30	$40≤I_0<60$	24
$60≤I_0<90$	25	$50≤I_0<75$	24

从橡胶桶内取出试件，并将试件从中间劈开，除去碎屑，在劈裂面喷洒 0.1mol/L 的 $AgNO_3$ 溶液，15min后，氯离子渗入混凝土的部分会生成 $AgNO_3$ 白色沉淀，使用防水笔描出分界线，以 1cm 为间隔，测量分界线到底面的距离，取平均值作为氯离子在混凝土中的渗透深度。

非稳态氯离子迁移系数按照公式（1）计算：

$$D_{RCM}=\frac{0.0239(273+T)L}{U-2}\left(X_d-0.0238\sqrt{\frac{(273+T)LX_d}{U-2}}\right)$$

（1）

3　试验

3.1　试验材料

水泥：使用硅酸盐水泥（P·Ⅱ），强度等级 42.5R。

砂：使用天然砂，中砂。

石子：使用 5～10mm 和 10～20mm 两种粒径的人工碎石，经合成，两种粒径的石子按照质量比 1∶1 掺加。

粉煤灰：使用 F 类Ⅱ级粉煤灰。

矿渣粉：使用 S95 矿渣粉。

硅灰：使用微硅灰。

减水剂：使用聚羧酸高性能减水剂。

水：使用自来水。

经检测，各类原材料均符合相应规范要求。

3.2　混凝土配合比

本次配合比设计进行两组试验，采用正交试验法，使用 $L_9(3^4)$ 正交表格，三因素、三水平试验见表 2，混凝土配合比计算见表 3。

表 2　　　正交试验因素水平表

水平因素		a：水胶比	掺量/%		
			b：粉煤灰	c：矿渣粉	d：硅灰
A	1	0.29	10	20	—
	2	0.32	15	30	—
	3	0.35	20	40	—
B	1	0.29	20	—	2
	2	0.32	30	—	3
	3	0.35	40	—	4

表 3　　　　　　　　　　　混凝土配合比计算表

编号	水胶比	水/(kg/m³)	水泥/(kg/m³)	粉煤灰 掺量/%	粉煤灰 kg/m³	矿渣粉 掺量/%	矿渣粉 kg/m³	硅灰 掺量/%	硅灰 kg/m³	砂 砂率/%	砂 kg/m³	石子/(kg/m³)	减水剂 掺量/%	减水剂 kg/m³	含气量/%
A1-1	0.29	165	398	10	57	20	114	—	—	36	589	1100	1.0	5.69	1.0
A1-2	0.29	165	313	15	85	30	171	—	—	36	586	1094	1.0	5.69	1.0

续表

编号	水胶比	水/(kg/m³)	水泥/(kg/m³)	粉煤灰掺量/%	粉煤灰 kg/m³	矿渣粉掺量/%	矿渣粉 kg/m³	硅灰掺量/%	硅灰 kg/m³	砂率/%	砂 kg/m³	石子/(kg/m³)	减水剂掺量/%	减水剂 kg/m³	含气量/%
A1－3	0.29	165	228	20	114	40	228	—	—	36	583	1088	1.0	5.69	1.0
A2－1	0.32	160	300	10	50	30	150	—	—	36	615	1149	1.0	5.00	1.0
A2－2	0.32	160	225	15	75	40	200	—	—	36	612	1143	1.0	5.00	1.0
A2－3	0.32	160	300	20	100	20	100	—	—	36	611	1142	1.0	5.00	1.0
A3－1	0.35	157	224	10	45	40	179	—	—	36	634	1183	1.0	4.49	1.0
A3－2	0.35	157	292	15	67	20	90	—	—	36	633	1182	1.0	4.49	1.0
A3－3	0.35	157	224	20	90	30	135	—	—	39	683	1122	1.0	4.49	1.0
B1－1	0.29	165	444	20	114	—	—	2	11	36	586	1094	1.0	5.69	1.0
B1－2	0.29	165	381	30	171	—	—	3	17	36	581	1084	1.0	5.69	1.0
B1－3	0.29	165	319	40	228	—	—	4	23	34	544	1109	1.0	5.69	1.0
B2－1	0.32	160	385	20	100	—	—	3	15	37	630	1126	1.0	5.00	1.0
B2－2	0.32	160	330	30	150	—	—	4	20	36	608	1136	1.0	5.00	1.0
B2－3	0.32	160	290	40	200	—	—	2	10	34	570	1163	1.0	5.00	1.0
B3－1	0.35	157	341	20	90	—	—	4	18	36	632	1180	1.0	4.49	1.0
B3－2	0.35	157	305	30	135	—	—	2	10	37	646	1154	1.0	4.49	1.0
B3－3	0.35	157	256	40	179	—	—	3	13	34	590	1202	1.0	4.49	1.0

在此试验的基础上，为了得到更多的试验结果，经过分析，对 A、B 组分别添加了一组对比试验。对比试验水胶比设置为 0.29，控制 A 组矿物掺合料总量为 60%，矿渣粉掺量为 50%、45%、40%，依次对应粉煤灰掺量为 10%、15%、20%；控制 B 组矿物掺合料总量为 35%，硅灰掺量为 2%、3%、4%，依次对应粉煤灰掺量为 33%、32%、31%。试验配合比见表 4。

表 4 附加试验配合比

编号	水胶比	水/(kg/m³)	水泥/(kg/m³)	粉煤灰掺量/%	粉煤灰 kg/m³	矿渣粉掺量/%	矿渣粉 kg/m³	砂率/%	砂 kg/m³	石子/(kg/m³)	减水剂掺量/%	减水剂 kg/m³	含气量/%
A4	0.29	165	228	10	57	50	284	36	587	1096	1.0	5.69	1.0
	0.29	165	228	15	85	45	256	36	585	1092	1.0	5.69	1.0
	0.29	165	228	20	114	40	228	36	583	1088	1.0	5.69	1.0
B4	0.29	165	370	33	188	2	11	36	578	1080	1.0	5.69	1.0
	0.29	165	370	32	182	3	17	36	578	1080	1.0	5.69	1.0
	0.29	165	370	31	176	4	23	36	578	1080	1.0	5.69	1.0

3.3　试验结果

按照上述配合比进行试拌成型，制成直径 100mm、高 100mm 的圆柱体试块，同时制作 100mm×100mm×100mm 的 7d、28d 抗压试块，将圆柱体试块放入饱和 Ca(OH)₂ 溶液内养护 21d，切取试块中部高 50mm 的标准试件，继续养护至 28d，放入真空饱水仪器中饱水，然后按照 RCM 法进行试验。抗压试块放入标准养护室内进行养护，到龄期后使用液压万能试验机进行试验。A 组正交试验结果见图 2，B 组正交试验结果见图 3，附加组试验结果见图 4。

3.4　试验结果分析

3.4.1　A 组试验结果分析

从试验结果可以看出，A1－3 的非稳态氯离子迁移系数最小，其组合条件为 A1B3C3；A1－2 的 7d 强度最

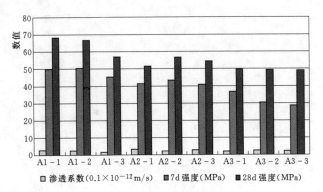

图 2 A 组正交试验结果图

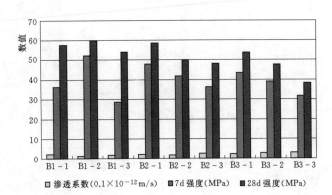

图 3 B 组正交试验结果图

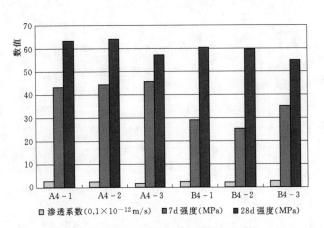

图 4 附加试验结果图

高，其组合条件为 A1B2C2；A1-1 的 28d 强度最高，其组合条件为 A1B1C1。对正交试验进行极差和方差计算，计算结果见表 5。

表 5 A 组正交试验计算结果

序号	因素	水胶比	粉煤灰掺量 /%	矿渣粉掺量 /%	误差列
A1	1	0.29	10	20	1
	2	0.29	15	30	2
	3	0.29	20	40	3

序号	因素	水胶比	粉煤灰掺量 /%	矿渣粉掺量 /%	误差列
A2	1	0.32	10	30	3
	2	0.32	15	40	1
	3	0.32	20	20	2
A3	1	0.35	10	40	2
	2	0.35	15	20	3
	3	0.35	20	30	1

	因素	偏差平方和	自由度	F 比	F 临界值	显著性
渗透系数	水胶比	0.277	2.00	24.988	$F_{0.1}(2,2)=9.0$	*
	粉煤灰	0.323	2.00	29.136	$F_{0.05}(2,2)=19.0$	*
	矿渣粉	1.148	2.00	103.535	$F_{0.01}(2,2)=99.0$	* *
	误差	0.011	2.00			

	因素	偏差平方和	自由度	F 比	F 临界值	显著性
7d 强度	水胶比	433.86	2.00	22.59	$F_{0.1}(2,2)=9.0$	*
	粉煤灰	30.17	2.00	1.57	$F_{0.05}(2,2)=19.0$	
	矿渣粉	4.61	2.00	0.24	$F_{0.01}(2,2)=99.0$	
	误差	19.21	2.00			

	因素	偏差平方和	自由度	F 比	F 临界值	显著性
28d 强度	水胶比	329.962	2	7.029	$F_{0.1}(2,2)=9.0$	
	粉煤灰	27.369	2	0.583	$F_{0.05}(2,2)=19.0$	
	矿渣粉	12.069	2	0.257	$F_{0.01}(2,2)=99.0$	
	误差	46.94	2			

根据计算结果画出趋势图，见图 5。

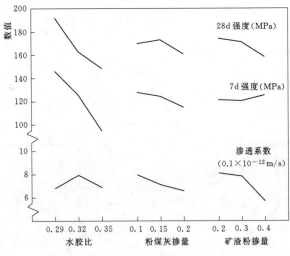

图 5 A 组试验结果趋势图

从上述计算结果和趋势图可以看出，从极差分析，对混凝土非稳态氯离子迁移系数的影响程度：矿渣粉＞粉煤灰＞水胶比；从方差分析，矿渣粉对试验结果有非常显著的影响，是主要因素，粉煤灰和水胶比对试验结果有显著影响，相对于矿渣粉，为次要因素，此试验方案的最优组合为A1B3C3。同理，对混凝土7d强度的影响程度：水胶比＞粉煤灰＞矿渣粉，水胶比对7d强度有显著影响，为主要因素，此时试验方案的最优组合为A1B1C3；对混凝土28d强度的影响程度：水胶比＞粉煤灰＞矿渣粉，三种因素对28d强度都没有显著影响，最优试验方案为A1B2C1。由误差列的极差可得，对氯离子渗透系数的试验误差很小，粉煤灰和矿渣粉对混凝土的强度有相互影响的作用，不便于分析单一因素对强度的影响。

采用综合平衡法对A组试验进行分析，除去误差和可疑数据，最优试验方案为A1B3C3。

3.4.2 B组试验结果分析

从试验结果直接得出，B1-2的非稳态氯离子迁移系数最小，B1-2的7d强度和28d强度均为最强，简单看出，B1-2是一个比较理想的试验结果。同样对B组进行极差和方差分析，结果见表6。

表6　　　　B组正交试验结果计算

序号	因素	水胶比	粉煤灰掺量/%	硅灰掺量/%	误差列
B1	1	0.29	20	2	1
	2	0.29	30	3	2
	3	0.29	40	4	3
B2	1	0.32	20	3	3
	2	0.32	30	4	1
	3	0.32	40	2	2
B3	1	0.35	20	4	2
	2	0.35	30	2	3
	3	0.35	40	3	1

	因素	偏差平方和	自由度	F比	F临界值	显著性
渗透系数	水胶比	1.18	2.00	6.40	$F_{0.1}(2,2)=9.0$	
	粉煤灰	0.46	3.00	2.49	$F_{0.05}(2,2)=19.0$	
	硅灰	0.68	4.00	3.68	$F_{0.01}(2,2)=99.0$	
	误差	0.18	5.00			

	因素	偏差平方和	自由度	F比	F临界值	显著性
7d强度	水胶比	26.276	2	0.059	$F_{0.1}(2,2)=9.0$	
	粉煤灰	257.042	2	0.58	$F_{0.05}(2,2)=19.0$	
	硅灰	82.536	2	0.186	$F_{0.01}(2,2)=99.0$	
	误差	443.03	2			

续表

	因素	偏差平方和	自由度	F比	F临界值	显著性
28d强度	水胶比	164.596	2	3.104	$F_{0.1}(2,2)=9.0$	
	粉煤灰	142.162	2	2.681	$F_{0.05}(2,2)=19.0$	
	硅灰	3.209	2	0.061	$F_{0.01}(2,2)=99.0$	
	误差	53.03	2			

根据计算画出趋势图，见图6。

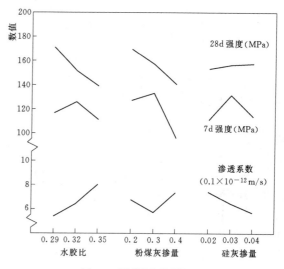

图6　B组试验结果趋势图

从计算结果和趋势图可以看出，对混凝土非稳态氯离子迁移系数的影响程度：水胶比＞硅灰＞粉煤灰，从趋势图也能看出，水胶比对结果的影响较大，是主要因素，但从方差来看，三种因素都达不到显著影响的条件，故在此试验范围内，因素的变化对系数的影响有限，最优结果为A1B2D3。同理，对混凝土7d和28d强度进行分析，对7d强度影响的程度：粉煤灰＞硅灰＞水胶比，最优试验方案为A2B2D2，粉煤灰为主要因素；对28d强度影响的程度：水胶比＞粉煤灰＞硅灰，最优方案为A1B1D3，水胶比为主要因素；此两组分析数据均出现误差列结果大于因素列结果的情况，进一步试验需考虑因素间相互作用的影响。

采用综合平衡法对B组试验进行分析，除去误差和可疑数据，最优试验方案为A1B2D3。

3.4.3 附加试验

A组附加：控制水胶比0.29，总掺量为60%时，随着矿渣粉50%、45%、40%的减小，粉煤灰10%、15%、20%的增加，D_{RCM}依次减小，7d强度为44MPa左右，28d强度为60MPa左右。

B组附加：控制水胶比0.29，总掺量为35%时，当硅灰掺量为3%，粉煤灰掺量为32%时，D_{RCM}最小，当硅灰掺量分别为2%、4%，粉煤灰掺量分别为33%、31%时，本组7d强度为30MPa左右，28d强度为

59MPa 左右，混凝土早期强度较弱。

本次试验得出：海工混凝土中，矿渣粉最佳掺量为 40％，粉煤灰最佳掺量为 30％，硅灰最佳掺量 3％。水胶比较小，有利于混凝土强度的提高，也有利于增强混凝土的抗渗性。对这次试验进行整体比对分析，最终认为最佳试验方案为水胶比 0.29，粉煤灰掺量 20％，矿渣粉掺量 40％。

查阅相关文献和有关研究分析认为，海工混凝土掺入矿渣粉、粉煤灰、硅灰等矿物掺合料，能够影响混凝土的抗渗性能，主要是因为：①掺合料能够改善混凝土内部的微观结构和水化产物的组成，降低混凝土内部的孔隙率，从而提高混凝土的抗氯离子渗透能力；②掺合料的加入，使混凝土对 Cl^- 的吸附能力和化学结合能力有所提高，降低了氯离子在混凝土内部的渗透速度，提高了混凝土抗氯离子渗透的能力。

4 结论

矿物掺合料的加入提高了海工混凝土抵抗氯离子渗透的能力，掺合料的掺量不同，所产生的效果也不尽相同。此次试验通过对"粉煤灰＋矿渣粉"和"粉煤灰＋硅灰"的对比，最终认定"粉煤灰＋矿渣粉"的试验方案（水胶比 0.29，粉煤灰掺量 20％，矿渣粉掺量 40％）具有更好的抗氯离子渗透性能，同时也具有更高的 7d 和 28d 强度，能够满足工程建设的需要。

从两组试验中，可以得出矿物掺合料对混凝土抗渗性能影响的程度。A 组，矿渣粉对混凝土的氯离子渗透性能影响较为明显，本次试验得出，矿渣粉掺量为 40％ 时混凝土抗氯离子渗透效果为最好，当矿渣粉掺量高于或者低于 40％ 时，D_{RCM} 均有所增加。B 组，硅灰较粉煤灰对混凝土的抗氯离子渗透性能影响明显，本组试验得出，硅灰掺量为 4％ 时，D_{RCM} 为最小。此两组试验可以看出，粉煤灰掺量对试验结果影响程度较前两种掺合料较小，且粉煤灰的最佳掺量在 30％ 左右。在水胶比为 0.29～0.35 的范围内，水胶比对混凝土强度的影响要大于对氯离子渗透系数的影响。总的来说，即水胶比小，强度高，抗氯离子渗透性能较好。

5 结语

随着海洋工程的建设，海工混凝土用量的增加，对海工混凝土的抗渗透性能的研究也会越来越成熟。本次海工混凝土抗氯离子渗透能力的研究，一方面在一定范围内，通过改变海工混凝土中矿物掺合料的比例，找到了较好的配合比设计方案。该方案为混凝土抗氯离子渗透性能提供了最优的矿物掺合料组合，能够满足混凝土施工性能要求；另一方面，在规范许可的范围内，较高的矿物掺合料用量也有利于工程成本的控制，能够为工程带来一定的经济效益。但本次试验过程缺少从混凝土微观方面的研究，需进一步从微观结构分析混凝土的抗氯离子渗透性能，并得出矿物掺合料影响混凝土抗氯离子渗透性能的机理。

冬瓜山电航枢纽工程混凝土裂缝渗水处理技术

王　健/中国水利水电第三工程局有限公司

【摘　要】　水工混凝土渗水部位化学灌浆处理主要分补强灌浆和防渗灌浆两类，结构混凝土无渗水部位主要以补强灌浆为主、防渗为辅，渗水部位则以防渗灌浆为主、补强为辅。本文主要描述了在冬瓜山厂房2号机进口检修门门槽底坎有局部渗水情况下，采用"嵌、灌、涂"的方法进行处理的案例，可供同行参考借鉴。

【关键词】　混凝土　裂缝　处理

1　概述

涪江冬瓜山电航枢纽工程具有发电、航运，兼顾生态环境用水，并兼有提高河段防洪能力的作用。水库正常蓄水位408.50m，利用落差13.50m，电站装机容量50MW，多年平均发电量22028万kW·h/22734万kW·h（远期/近期），水库总库容2270万m³；航道为Ⅳ级，设计单向年通过能力187.30万t。冬瓜山电航工程主要由挡水建筑物、泄洪消能建筑物、取水建筑物（大围堰取水口及库内防护区王家碥取水口）、库区防护及排水建筑物、发电厂房及开关站、通航建筑物等组成。在厂房下闸后发现厂房2号机进口检修门门槽底坎有局部渗水情况，经与监理、设计及业主商议后，采用化学灌浆进行防渗处理。

2　处理原则

水工混凝土渗水部位化学灌浆处理主要分补强灌浆和防渗灌浆两类，结构混凝土无渗水部位主要以补强灌浆为主、防渗灌浆为辅，渗水部位则以防渗灌浆为主、补强灌浆为辅。

3　主要施工材料

弹性聚氨酯是渗漏处理的首选材料。该材料具有良好的亲水性，遇水可分散、乳化进而凝固，其固结体是一种弹性体，伸长率达300%，而且遇水膨胀，体积膨胀率达273%，具有弹性止水和以水止水双重功能。LW和HW可以任意比例混合，配制不同强度、不同膨胀倍数的混合浆材。该材料主要特点如下：

（1）具有良好的亲水性能，水既是稀释剂，又是固化剂。浆液遇水后先分散乳化，进而凝胶固结。

（2）黏度低，可灌性好，可在潮湿或涌水情况下进行灌浆。

（3）固结体无毒并具有较高的力学性能。

（4）通过调整配方可获得不同力学强度、不同膨胀倍数的浆材。LW水溶性聚氨酯化学灌浆材料主要性能指标见表1。

表1　LW水溶性聚氨酯化学灌浆材料主要性能

项　　目		指标
黏度/(mPa·s)（25℃）		150～350
凝胶时间/min		（浆液：水=1:10）≤3
饱和面粘接强度/MPa		≥0.7
拉伸试验	拉伸强度/MPa	≥2.1
	扯断伸长率/%	≥130
	扯断永久变形/%	0

4　门槽底坎局部渗水处理方案

4.1　工艺流程

凿毛、打磨→布孔、造孔→安装灌浆塞→压水（丙酮）试通（若需要）→环氧胶泥修补→化学灌浆→清理结束。

该类渗水点主要是混凝土表面不密实或存在蜂窝、

孔洞等渗水通道，一般表现为渗漏水。

4.2 工艺要点

4.2.1 凿毛、打磨

通过凿毛、打磨、清理松散的混凝土、浮灰、浮浆等，露出新鲜混凝土表面。

4.2.2 布孔、造孔

根据渗漏水情况布孔、造孔。造孔孔径 $\phi16mm$，孔距一般为 $30\sim50cm$。自缝两侧 $8\sim10cm$ 开孔（若部位限制可在裂缝一侧开孔），孔斜和孔深以钻孔和裂缝在距缝面 $15\sim20cm$ 处相交为原则，孔深一般为 $20\sim40cm$。钻孔时注意尽量使灌浆钻孔和缝相交，见图1。

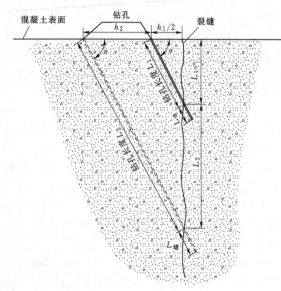

图1 钻孔及灌浆示意图

4.2.3 环氧胶泥修补浆

凿毛、布孔后涂刷环氧胶泥，采用环氧胶泥修补混凝土外观，表面与原混凝土面一致，形成封闭的灌浆环境及补强作用。

4.2.4 灌浆

采用循环法钻孔化学灌浆，利用德国进口瓦格纳化学灌浆泵将水溶性聚氨酯通过已钻好的通道灌入渗水区域中去，从而起到加固补强或防渗效果。

（1）灌浆压力一般取 $0.2\sim0.4MPa$。

（2）灌浆原则、次序。灌浆竖缝从低处向高处进行，水平缝从两端向中间逐孔进行灌浆或从一端向另一端灌浆，两端做保护层深孔低压慢灌，防止裂缝发展。

灌浆次序示意图见图2。

按图2次序灌1号孔，则2号孔为排气、排水孔，按孔号次序依次灌浆。若灌浆未满足强度或防渗要求，可在孔序之间加密灌浆，直至渗漏水现象消除或达到强度要求结束。若结构部位复杂，可按梅花形布孔。

（3）灌浆结束标准。流浓浆渗水情况消除或压力达

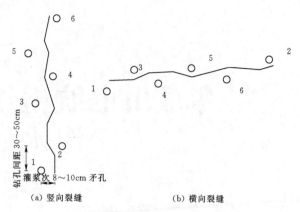

图2 灌浆次序示意图

到设计压力并不吸浆后，灌浆结束。

（4）特殊情况处理。灌浆时出现冒浆、漏浆等情况时，应马上处理漏浆，降低灌浆压力保持浆液在缝内的流动性，待将漏浆点堵漏后，保持设计压力继续灌浆。

5 质量控制

（1）原材料采购时应保证原材料各种质量证明材料完整齐全，原材料均应检验合格后才能进入施工过程。

（2）成立专门的裂缝处理工作组，及时解决现场施工中的技术问题，重点落实裂缝处理各工序的工艺措施。

（3）在施工前对施工人员进行全面的技术交底和培训工作。

（4）根据裂缝处理进展情况，结合设计技术要求及现场实际，及时调整和规范施工工艺。

（5）加强对裂缝检查与检测作业过程的巡视与重要工序的旁站监督，并在发现问题后及时进行整改。

（6）做好灌浆记录，竖缝必须自下而上，以确保裂缝内注浆饱满，由有经验的专业施工人员施工。

（7）防水堵漏材料要储存在阴凉干燥处，避高温、潮湿，以防影响材料性质，造成堵漏效果不佳。

（8）对于施工过程中发现的问题，按照"三不放过"原则进行处理，对于经检查发现的问题，按照"返修、再验收"处理。

（9）施工作业过程中，所有渗水点在处理前，均需监理工程师进行检查、验收，经验收合格后方可进行下一工序施工；建立健全三级质检组织，严格实行"三检"制度，加强技术管理，做好原始资料的记录，管理和施工总结工作。在处理过程中，安排专职技术人员值班，及时解决施工过程中出现的问题。

6 施工安全保障措施

为了确保安全生产，建立以项目经理为安全管理第

一责任者、作业队负责人为安全管理直接负责人、技术组为安全技术措施主要负责机构、质安组为专职安全管理机构的组织机构，配备专职安全员，各班组设兼职安全员，对施工安全实行全员、全面、全过程的管理，保证施工在安全的环境中进行。

（1）落实岗位安全责任制。

（2）凡是有人工作的地方都要有安全设施，凡是有人工作的地方都要有安全监督。

（3）实行交接班制度和安全交底制度，坚持交接班安全检查和交底，及时发现和排除事故隐患，确保施工安全。

（4）化学灌浆浆液有一定的挥发性，现场作业人员需佩戴口罩、防护镜、橡胶手套、专用服装等劳动保护用品，施工现场应保证通风良好。

（5）化学灌浆材料储存在低温、干燥、避光和通风条件良好的仓库内，密封存放，安排专业人员负责。

（6）施工现场严禁堆放易燃、易爆物品，严禁吸烟，配备必要的防火设施，非工作人员不得接触化学灌浆设备。

（7）为了减少化学灌浆操作员与化学灌浆浆材长时间连续接触，操作员在现场操作时一小时轮换一次，远离灌浆区进行短暂休息。

（8）在化学灌浆施工平台操作人员，必须挂好安全带，防止人员坠落。

（9）由于施工范围内上下交叉作业，常有物体坠落，因此配专人安全警戒。

（10）在单元化学灌浆结束时，及时用清洗剂清洗、浸泡机械部件、灌浆枪头、灌浆管等工具。

（11）灌浆过程中遗弃浆液不得乱倒，待固化后，统一处理，以免遗弃浆液污染环境或水源。

（12）灌浆要做到现场作业人员无伤害，对环境、水源无污染，做到安全文明施工。

（13）工程完成后应及时清理现场，清洗设备及器具，做到"工完料净场地清"。

7　环境保护

化学灌浆常与一些有害化合物打交道，因此应高度重视环境保护工作，避免因工作不慎造成环境污染。这既是职业道德的要求，也是起码应具备的环保意识。本方案所用的大部分材料基本属无毒或低毒化学浆材，其中少量易挥发的稀释剂（丙酮为主）危害操作人员的健康，故在施工时要注意以下几点：

（1）化学浆材要用在方案设计限定部位，不随意扩大化学浆材的使用范围。

（2）化学浆材的使用量应尽可能控制，在吸浆量大时考虑调节浆液的凝胶时间，不要让浆液任意扩散。

（3）灌浆泵和输配浆装置要密闭，工作环境注意通风，弃浆和废浆集中妥善处理。

（4）在施工区，设置卫生设施（垃圾箱、厕所等），施工现场的施工垃圾每班进行清理，按要求运送至指定地点掩埋或焚烧，对于会产生有毒气体的油毡、橡胶、塑料、皮革等不准随意焚烧，应运到指定垃圾场进行掩埋。

8　结语

用"嵌、灌、涂"处理裂缝渗水具有耐久性高、强度好、分层防渗补强结构安全可靠等优点，但工艺烦琐、不易控制、成本相对较高、要求施工人员的经验丰富，适用缝宽变化不大的深层裂缝、贯穿裂缝、收缩裂缝、沉降裂缝，结构部位重要。

化学灌浆处理方案是具有针对性的，有的是对于基础，有的是针对渗漏水处理，而有的是补强处理，没有一成不变的方法，混凝土的质量问题处理关键在于根据具体原因分析找对策、选材料、定方案。

苏洼龙导流洞出口深覆盖层基坑渗流控制设计与施工

罗奋强/中国水利水电第三工程局有限公司

【摘　要】 苏洼龙水电站导流隧洞及泄洪洞出口基坑深，且距离金沙江较近，基础覆盖层深厚，具有强透水性，施工期水流控制是制约导流洞及泄洪洞出口结构施工进展的关键因素。本文采用悬挂式高压旋喷墙接复合土工膜防渗的方案，有效解决了深覆盖层基坑防渗问题，为导流隧洞及泄洪洞出口顺利施工奠定了坚实基础，并积累了深覆盖层基坑防渗处理施工的经验。

【关键词】 深覆盖层　渗流控制　设计　施工

1　工程概况

苏洼龙水电站位于金沙江上游河段四川巴塘县和西藏芒康县的界河上，为金沙江上游水电规划 13 个梯级电站的第 10 级。水库正常蓄水位为 2475.00m，死水位为 2471.00m，库容 6.38 亿 m^3，多年平均径流量为 938m^3/s，电站额定水头为 84m，共安装 4 台水轮发电机组，总装机容量 1200MW，为一等大（1）型工程。枢纽建筑物主要由沥青混凝土心墙堆石坝、右岸溢洪道、右岸泄洪放空洞、左岸引水系统、左岸地面厂房等组成。2016 年度汛导流洞及泄洪洞出口共用一挡水围堰，围堰采用预留土坎与石渣填筑相结合，采用高压旋喷灌浆接复合土工膜作为防渗体系。

2　工程地质

导流洞及泄洪洞出口围堰堰基大部分位于右岸Ⅰ级堆积阶地上，覆盖层厚度一般为 30.0～50.0m，主要由崩塌块碎石、堰塞沉积低液限黏土和冰积块碎石层组成。崩塌块碎石层厚一般为 1.0～3.0m，属于强透水层；低液限黏土层厚一般为 1.5～5.0m，属于微—极微透水层；冰积块碎石厚度一般为 40.0～48.0m，属于弱—中等透水层。基岩为黑云斜长花岗岩，弱风化厚度 25.0～30.0m，属于弱透水—微透水层。以下为微新岩体，岩体完整，透水性微弱。

堰基以下河床覆盖层较厚，除低液限黏土层属微透水层外，其余各层属中等—强透水层，因低液限黏土层分布较薄，局部缺失，允许渗透坡降 $J = 0.15～0.20$，而且其他各层透水性强，防渗难度较大，需做好基础防渗处理。基础覆盖层内的粗粒土，其允许承载力 $[R] = 0.30～0.55MPa$，变形模量 $E_0 = 50～70MPa$，凝聚力值为 0，内摩擦角为 35°～40°；低液限黏土及砂层允许承载力 $[R] = 0.10～0.20MPa$，变形模量 $E_0 = 4～6MPa$，凝聚力值为 10～40kPa，内摩擦角为 21°～30°。

3　防渗方式选定

导流洞及泄洪洞出口围堰防渗形式应结合地质条件、枢纽布置特点、防渗效果、工期、投资等进行综合分析比选。比较了高压喷射灌浆防渗墙、混凝土防渗墙、帷幕灌浆及控制灌浆等多种方案，最终决定采用高压喷射灌浆防渗墙接复合土工膜防渗体系。

4　围堰设计

4.1　围堰轴线布置

根据现场实际情况，围堰轴线尽可能布置在导流洞及泄洪洞出口结构线以外，以堰体不占压出口明渠反坡段体型为前提，满足导流洞及泄洪洞出口明渠开挖出渣及混凝土浇筑运输进行围堰的布置，也尽可能避免过多侵占汛期河床行洪断面。导流洞及泄洪洞出口围堰布置见图 1。

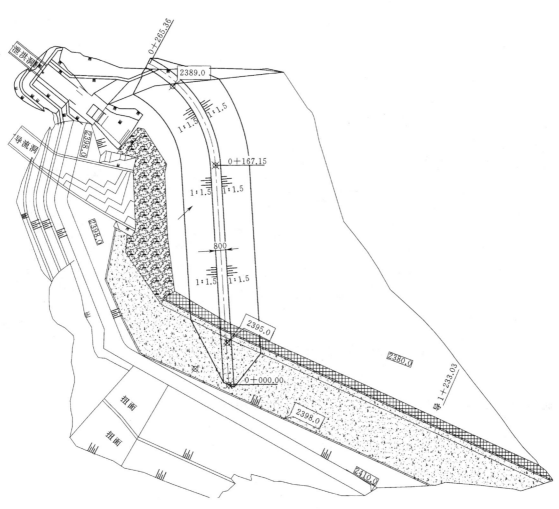

图1　导流洞及泄洪洞出口围堰布置图（单位：cm）

4.2　围堰堰顶高程确定

根据招标文件要求，出口施工围堰设计标准采用全年10年一遇重现期洪水，相应流量为5510m³/s。根据2016年度汛设计要求，通过内插法计算对应厂址水位分别为2393.60m。考虑到导流洞及泄洪洞出口围堰位于厂址下游150m左右，考虑一定的安全超高，取导流洞及泄洪洞出口围堰堰顶高程为2395.00m。

4.3　围堰断面结构及填料设计

根据导流洞及泄洪洞出口围堰开挖现状，结合高压旋喷设备钻孔能力、地勘资料所示基岩及围堰内侧开挖最低高程，泄洪洞出口一期围堰开挖至2385.00m高程作为施工平台。围堰采取2385.00m高程以下预留土坎，2385.00m高程以上土石方填筑形成。围堰顶高程取为2395.00m，堰顶宽8m，轴线长度265.36m，迎水面边坡和背水面边坡均为1∶1.5，底部最大宽度53.0m。迎水面采用1m厚大块石护面，迎水面坡脚采用2层钢筋石笼进行护脚。围堰的型式、防渗结构剖面见图2。

4.4　围堰防渗设计

防渗结构采用高压旋喷接土工膜心墙。2385.00m高程以下采用高压旋喷灌浆，孔距1m，高压旋喷灌浆墙伸入基岩0.5m，对于无法入岩的部位，高压旋喷墙的底部高程为2362.00m，形成高喷悬挂墙，两侧岸坡根据岩石情况采用延伸高喷灌浆轴线形成封闭；2385.00m高程以上采用土工膜心墙，土工膜与高压旋喷灌浆墙同样采用混凝土进行连接。围堰右堰肩为导流洞出口右护岸开挖边坡，围堰左堰肩为泄洪洞出口上游侧原始地形边坡，两侧均开挖至岩石面，通过混凝土固定土工膜。

4.5　围堰防冲措施

纵向围堰迎水面流速较大，采取妥善的防冲保护措施是确保安全度汛的关键。采用软件计算与手算两种方式进行水力学计算，经计算论证，汛期采用大块石及钢筋石笼防护。

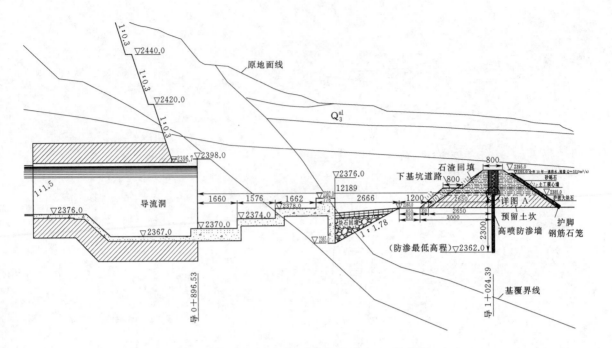

图 2　围堰的型式、防渗结构剖面图（高程单位：m，尺寸单位：cm）

5　围堰施工与拆除

5.1　高喷防渗墙施工

河床冲积砂卵石夹块、漂石层厚度大，采用 KLMM401-1 钻机跟管工艺造孔，孔径 133mm，孔内下设 133mm 钢套管，钻至设计孔深后，在 133mm 钢套管内下设 110mm 强度较低的 PVC 花管护壁至孔底，然后再拔出钢套管。在 PVC 花管的防护下，高喷台车自下而上进行高压旋喷灌浆，采用双管法旋喷套接施工工艺。

因地层架空，相邻孔之间串浆严重，分两序组织钻灌施工。高喷灌浆浆液的水灰比按 2:1～1:1(1.37～1.5) 控制（喷嘴个数为 2 个或 1 个），灌浆压力按 0.6～0.8MPa 控制。高喷灌浆过程中，正常提升速度为 8～12cm/min，孔口不返浆时不得提速，返浆量小时提升速度降低至 2～5cm/min。孔口返浆量较大时，灌浆压力不变，并适当加快提升速度；孔口返浆量小或不返浆时，适当提高压力并减小提升速度或不提升，以增加进浆量。高喷灌浆因拆卸喷管复喷长度不少于 0.2m；因喷嘴堵塞事故中断后恢复施工时，复喷长度不少于 0.5m；停机超过 3h，应对泵体输浆管路进行清洗后方可继续施工，复喷长度不少于 0.5m。

5.2　围堰填筑施工

导流洞及泄洪洞出口围堰填筑料石渣料采用导流洞

及泄洪出口边坡及洞挖料，石渣料采用弱风化—微风化或新鲜的岩石，粒径小于 80cm，级配良好。采用 20t 自卸汽车运输，进占法卸料，推土机铺料、平整，摊铺厚度按 90cm 控制，采用 20t 振动碾碾压，行车速度控制在 2.5km/h 左右，振动频率为 20～30Hz，采用静压 2 遍，振动碾 8 遍。土工膜墙保护料河床砂砾石，利用自卸车运至工作面后，反铲配合人工铺料，与相邻的石渣料同时碾压，碾压参数与石渣料相同，靠近土工膜部位采用振动夯夯实。

5.3　土工膜斜墙施工

复合土工膜为两布一膜型式，采用短纤针刺非织造 HDPE 复合土工膜，单幅宽度为 4m，土工膜与土工布一次热压成型，接头部位预留 20cm 光膜不热塑，即膜与布脱开。在施工现场堆放期间采取覆盖防护措施，并且应清除铺设面上的树根、杂草和尖石，保证铺设垫层面平整，不允许出现凸出及凹陷的部位，并且碾压密实或夯实。铺膜时力求平顺、张弛适度，复合土工膜与保护料结合面吻合平整，不留空隙，避免人为和施工机械损伤。复合土工膜与防渗墙相接位置设置伸缩节，并预留适度伸缩余量。接头采用现场双面焊接方式，搭接长度为 10cm，焊接施工程序为：铺膜→缝底层布→焊膜翻面铺好→缝上层布。

5.4　土工膜锚固

复合土工膜与高压旋喷墙之间采取锚固连接。对于防渗墙部位，防渗墙收仓顶高程基本与导向槽混凝土齐平，收仓且混凝土具有一定的强度后，将顶部凿除，直至凿除所有的残渣，露出完整的混凝土墙，利用导向槽混凝土形成的锚固槽，直接浇筑混凝土锚固土工膜。对于高喷防渗墙段，高喷防渗墙施工完成后，采用反铲沿着墙顶开挖锚固槽，露出完整、平整的高喷墙体后，直接浇筑混凝土，锚固土工膜。

5.5 围堰拆除

根据导流洞及泄洪洞出口围堰拆除施工规划，2017年10月初开始拆除围堰，围堰水上位部分为Ⅰ区，围堰内侧削薄部分（防渗轴线内侧区域）为Ⅱ区，围堰水

下部分（防渗轴线外侧区域）为Ⅲ区，围堰水下部分（防渗轴线区域）为Ⅳ区。在出渣道路具备通行条件后，围堰由下游向上游开始拆除。首先进行围堰水上部分的拆除，厚度10m，分3层进行挖除，单层厚度为3～4m。同时进行围堰内侧削薄区域（Ⅱ区）和围堰防渗轴线外侧水下部分（Ⅲ区）的拆除，厚度5m，一次挖到底。在围堰内侧削薄区域完成后进行围堰防渗轴线区域水下部分（Ⅳ区）的拆除，厚度6m，一次挖到底。最后拆除围堰上游端头部分。导流洞及泄洪洞出口围堰拆除分区示意图见图3。

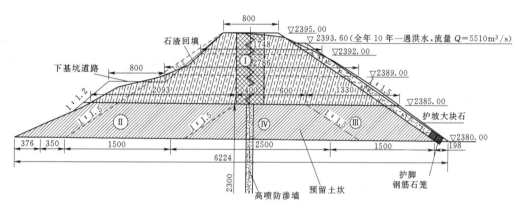

图3 导流洞及泄洪洞出口围堰拆除分区示意图（单位：cm）

6 基坑抽排水设计与施工

6.1 基坑排水量计算

排水量计算包括围堰渗流、地基渗流及降雨汇水三部分。

（1）围堰渗流计算。

堰体渗流量：$\qquad q_1 = kiA$

已知 $A = 8757 m^2$，$k = 1 \times 10^{-5} m/s$，$i = 0.257$，通过上述公式及选取参数计算可得围堰渗流量为 $82 m^3/h$。

（2）地基渗流计算。本工程围堰高喷防渗墙部分可入基岩，部分未入基岩形成悬挂墙，故存在地基渗流，采取整个高喷防渗墙均未入基岩进行地基渗流计算。

参考施工组织设计手册基坑排水章节悬挂帷幕的地基渗流单宽流量计算公式进行本工程围堰地基渗流单宽流量计算。

地基渗流单宽流量：$q_2 = k_1 \dfrac{(H_1 - H_2)(T - t)}{L + T + t}$

已知 $H_1 = 29.6 m$，$H_2 = 0 m$，$T = 16 m$，$t = 18 m$，$L = 53 m/90 m$，通过上述公式及选取参数计算可得地基渗水单宽流量，围堰轴线长度 $265.35 m$，故可得地基渗流为 $1353 m^3/h$，考虑岸坡及部分高喷墙进入基岩，地

基渗流取 $1150 m^3/h$。

（3）降雨汇水计算。根据《水电水利工程施工导流设计导则》（DL/T 5114—2000）降雨汇水按抽水时段日最大降雨量在当天抽干计算。

出口面积约为 $11000 m^2$，围堰基坑内积水按历年最大日降雨量 $42.3 mm$ 估算，导流隧洞出口基坑内积水量约为 $465.3 m^3/d$，按当天排干计算，降雨汇水排水强度约为 $20.0 m^3/h$。

（4）抽排水设备配置。为确保基坑安全，基坑经常性排水按照 $1252 m^3/h$ 的抽排水量配置抽排水设备。

6.2 基坑抽排水设施布置

抽排水设备按抽排效率 85% 进行配置，则需求抽排水设备的额定抽排水量不小于 $1473 m^3/h$。同时考虑出现较大渗水时采取强排措施。基坑抽排水采用在导流洞出口围堰坡脚设置泵坑，并根据渗水情况实施调整泵坑位置，泵坑长 $20 m$，宽 $5 m$，深 $2 m$，分散布置抽水泵站，共布置 7 台抽排水量 $300 m^3/h$ 潜水式排污泵。排水管采用直径 $300 mm$ 钢管。排水程序为首先采用潜水泵从开挖最低部位 $2364.00 m$ 高程分散泵坑中抽至 $2385.00 m$ 高程集中泵坑，布置 3 台抽排水量 $790 m^3/h$ 离心式清水泵，然后排至围堰外侧。

7 结语

在苏洼龙水电站导流洞及泄洪洞出口深覆盖层基坑围堰中采用了悬挂式高压旋喷墙接复合土工膜的防渗方案，有效地解决了深覆盖层基坑防渗问题，为导流隧洞及泄洪洞出口顺利施工奠定了坚实基础。同时，积累了深覆盖层基坑防渗处理施工的经验，带来了良好的经济效益和社会效益，降低了施工成本，缩短了施工工期，满足了围堰防渗的施工需要，同时给类似工程提供了可借鉴的经验。

可视化附着式振捣器控制系统研发与应用

王　鹏/中国水利水电第七工程局有限公司

【摘　要】 本文针对传统盾构管片混凝土浇捣工艺施工粗放、振捣参数和过程不可控等缺点，研发了一种可视化附着式振捣器控制系统，实现了振捣参数的远程监测和程序化控制，在实际应用中取得明显成效。

【关键词】 盾构管片　附着式振捣器　振捣参数　控制系统　可视化

1　概述

近年来，国内地铁建设项目高速发展，而盾构法施工中地铁隧道的主要部件盾构管片的质量直接关乎隧道实体质量。在盾构管片生产施工中，混凝土振捣工序是盾构管片生产施工中最为关键的环节，直接关系到盾构管片的尺寸误差、密实度、平整度、气泡现象等实体和外观质量。因而控制盾构管片混凝土振捣质量至关重要。

在管片施工领域，大多数盾构管片混凝土浇捣工艺采用附着式振捣器进行振捣。传统的附着式振捣方式多采用气动回路直接驱动附着式振捣器实现混凝土振捣。该方式施工粗放，劳动强度高，振捣频率、振捣时间、气动压力、振幅等参数无法监测，混凝土振捣过程不可控，易产生过振、欠振现象并引起管片尺寸误差、表面气泡、空洞、蜂窝、麻面等质量问题；工人的熟练程度和责任心直接影响混凝土振捣质量，难以保证盾构管片混凝土施工质量。

中电建成都混凝土制品有限公司新津管片厂的科研团队，为摒弃传统附着式振捣器施工粗放，劳动强度高，振捣频率、振捣时间、气动压力、振幅等参数无法监测，混凝土振捣过程不可控等缺点，自主研发了一种可视化附着式振捣器控制系统，实现了振捣频率、振捣时间、振幅和气动压力等参数的远程监测和程序化监控，有效避免了过振、欠振现象，消除了盾构管片变形、气泡、空洞、蜂窝、麻面等混凝土质量问题，确保了盾构管片混凝土施工质量。

2　控制系统原理

可视化附着式振捣器控制系统主要由配电柜、PLC中央处理单元、输入模块、输出模块、通信模块、上位机、控制按钮、传感器、信号指示灯、气动回路等设备组成，系统模块示意图见图1。PLC中央处理单元，负责整个系统的数据处理和顺序控制。输入模块将各传感器检测的模拟信号以及各控制按钮的数字信号转换为PLC中央处理单元可处理的低电压信号。输出模块执行和驱动电磁阀、信号灯等驱动设备。通信模块实现PLC中央控制单元与上位机的数据通信功能。信号灯显示设备的工作状态和报警指示。传感器负责振捣频率、风动气体压力等数据的检测反馈功能。控制按钮实现系统的自动或手动、启动、停止和紧急停止等功能。气动回路作为附着式振捣器的动力源以驱动系统运行。配电柜主要为各系统实现供电。上位机监控并记录系统工作状态和振捣频率、气动压力、控制方式、振捣时间等参数，以实现人机间的数据交互。

可视化附着式振捣器控制系统主要控制原理为，通过调节气压调节阀精确控制气动压力，通过调节电磁阀开度大小精确控制振捣频率，通过PLC中央处理单元精确控制振捣时间。控制系统上位机采用工业组态软件进行画面组态，通过PROFINET通信协议与PLC中央处理单元连接，从而在上位机上实现振捣频率、振捣时间、振幅和气动压力等参数的远程监测和程序化控制。系统原理框图见图2。

3　控制系统动作流程

附着式振捣器控制系统启动后，上位机将预设的气动压力、振捣时间、振捣频率等参数值，通过通信模块传输至PLC中央处理单元，PLC中央控制单元通过输出模块D/A转换驱动气压调节和电磁阀动作，附着式

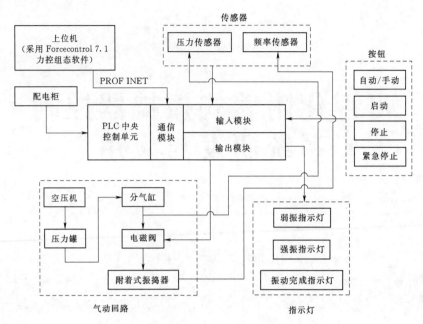

图1 可视化附着式振捣器控制系统模块示意图

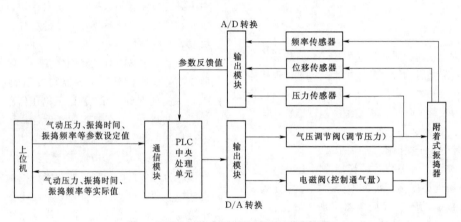

图2 可视化附着式振捣器控制系统原理框图

振捣器开始工作，并按照振捣程序预设优先进入弱振阶段，弱振结束后进入强振阶段。振捣过程中，压力传感器、频率传感器和位移传感器将检测到的气动压力、振捣频率、振幅等数据通过输入模块 A/D 转换传输至 PLC 中央处理单元，PLC 中央处理单元将各实时监测参数通过通信模块传输至上位机显示，并对各参数的预设值和实际值进行比较运算，若气动压力的实际检测值与预设值有偏差，则调整气压调节阀大小来调整气动压力；若振捣频率的实际检测值与预设值有偏差，则调节电磁阀开度大小来调整通气量，以达到控制振捣频率的目的。当弱振时间计时达到预设值，则进入强振阶段，当强振时间计时达到预设值，强振结束，整个控制系统工作完成。可视化附着式振捣器控制系统动作流程见图3。

步骤1：系统通电后，配电柜开始为 PLC 中央处理单元、输入模块、输出模块、上位机、传感器、控制按钮、信号指示灯等进行供电。切换按钮"自动/手动"，

若为"自动"状态，则系统进入自动模式，反之，进入手动操作模式。

步骤2：系统进入自动模式后，上位机设置气动压力、振捣频率、振捣时间等参数预设值，并将参数传输至 PLC 中央处理单元。

步骤3：点击"启动"按钮，系统进入运行模式。

步骤4：空压机首先启动运行，空压机产生气体，气体经压力罐中间压缩后通过管路进入气压调节阀，然后进入分气缸，气体经分气缸分成各支路后，经管路传输至电磁阀，并进入附着式振捣器，驱动振捣器振捣。

步骤5：系统开始进入弱振阶段，"弱振指示灯"亮，同时弱振开始计时，当弱振时间达到预设值，弱振结束，"弱振指示灯"熄灭；系统依次进入强振阶段，"强振指示灯"亮，强振开始计时，当强振时间达到预设值，强振结束，"强振指示灯"熄灭，"振捣完成指示灯"亮。

步骤6：振捣过程中，位移传感器、频率传感器、

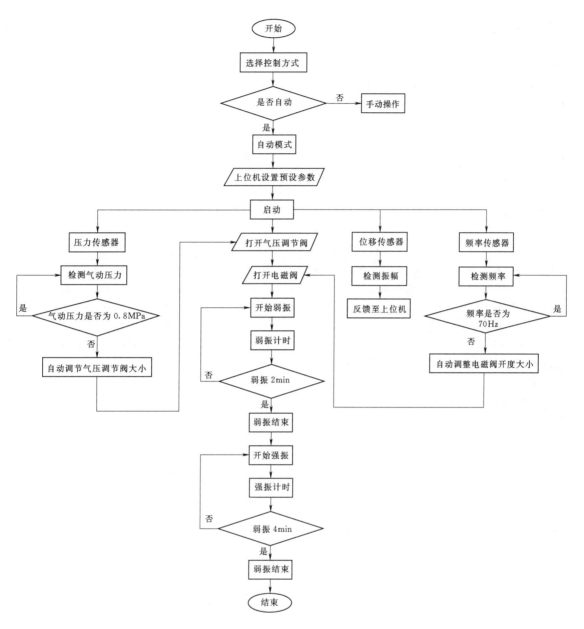

图3 可视化附着式振捣器控制系统动作流程图

压力传感器将实时检测的数据传输经输入模块传输至PLC中央处理单元。上位机通过PROFINET通信协议与PLC中央处理单元连接，实时监控振捣频率、振幅、气动压力、振捣时间等参数，以实现人机间的数据交互。

步骤7：振捣过程中，频率传感器将实时检测的振捣频率经输入模块传输至PLC中央处理单元，PLC中央处理单元对检测频率进行处理，若频率检测值等于其预设值，则保持电磁阀开度大小稳定不变；若频率检测值大于其预设值，则调小电磁阀开度，以降低振捣频率；若频率检测值小于其预设值，则调大电磁阀开度，以提高振捣频率。

步骤8：振捣过程中，压力传感器将实时检测的气动压力经输入模块传输至PLC中央处理单元，PLC中央处理单元对检测的气动压力进行处理，若气动压力检测值等于其预设值，则保持气压调节阀开度大小稳定不变；若实际压力检测值大于其预设值，则调小气压调节阀开度，以降低气动压力；若实际压力检测值小于其预设值，则调大气压调节阀开度，以提高气动压力。

步骤9：振捣过程中若点击"停止"按钮，则系统停止振捣。振捣时若遇到紧急情况，点击"紧急停止"按钮，控制系统立即停止运转，振捣瞬间停止，以确保人员设备安全。

步骤10：振捣过程自动结束。

4 工程应用实例

中电建成都混凝土制品有限公司新津管片厂主要有两条生产线：2+5管片生产线及其控制系统全部由厂家设计完成，2+4管片生产线机械部分由厂家提供，生产线电气及控制系统由中国水利水电第七工程局有限公司自主研发，并将可视化附着式振捣器控制系统嵌入其中。通过运行实际证明，由厂家设计的2+5管片生产线2条作业线同时施工生产节拍为6min。而中国水利水电第七工程局有限公司自主设计的2+4管片生产线，由于采用了弹性可调节的可视化智能控制系统，优化了生产流程、振捣与养护参数，在2条作业线同时投入使用、交替作业时，生产节拍可控制在5min，较厂家设计生产线节拍少1min。在生产施工中，2+5和2+4管片生产线均投入模具12套（单套7块模具），单日作业时间为20h，在蒸养条件满足的情况下，厂家设计的2+5生产线月产能核算为：12套模具单个循环时间=6(min)×7(块)×12(套)=8.4h，即日模具可达到20(h)/8.4(h)≈2.4个循环，月产能为2.4(循环)×12(套)×28(d)≈806环管片；而自主设计的2+4生产线月产能核算为：12套模具单个循环时间=5(min)×7(块)×

2(套)=7h，即日模具可达到20(h)/7(h)≈2.8个循环，月产能为2.8(循环)×12(套)×28(d)≈940环管片。月产能较厂家生产线多生产管片约134环管片，在理论每月满负荷生产情况下，理论上年度可多生产管片1608环，生产效率提高16.6%。生产效率和年经济效益建议重新进行校核，包括节拍1min，效益3万元等数据。时间精确到秒，单片效益精度到分。

5 结语

新津管片厂生产实践证明，可视化附着式振捣器控制系统摒弃了传统附着式振捣器施工粗放，劳动强度高，振捣频率、振捣时间、气动压力、振幅等参数无法监测，混凝土振捣过程不可控等缺点，实现了振捣频率、振捣时间、振幅和气动压力等参数的远程监测和程序化控制，有效避免了变形、过振、欠振现象，消除了盾构管片气泡、空洞、蜂窝、麻面等混凝土质量问题，确保了盾构管片混凝土施工质量，同时提高了盾构管片生产质量和效率，确保了成都轨道交通18号线盾构管片的生产供应任务，满足了盾构隧道的施工进度和成型质量要求。

高性能混凝土在高速公路施工中的质量控制

朱成刚/中国水利水电第六工程局有限公司

【摘　要】 高性能混凝土具有混凝土结构所要求的各项力学性能，具有耐久性、高工作性和高体积稳定性等特性，近年来已在高速公路建设中广泛应用。本文阐述了其施工质量控制的关键工序和措施。

【关键词】 高速公路　高性能混凝土　工序　质量控制

1 引言

长期以来，由于对混凝土的耐久性缺乏足够的认识，在设计和施工上只考虑混凝土强度，没有考虑其耐久性及环境对混凝土的影响，在普通混凝土配合比设计时以强度为主要指标，对原材料要求不高，施工时按照传统工艺进行施工，导致混凝土的耐久性、密实性、抗冻性不足，过早地出现裂缝、起皮等病害，大量工程结构因混凝土质量问题导致的病害过早地凸显出来。我国高速公路的建设速度快，高速公路结构所处的环境复杂多变，对高速公路混凝土质量要求越来越高，因此亟需提高混凝土质量，引入高性能混凝土的概念，在实际工作中应用和推广。

2 高性能混凝土的定义

高性能混凝土（HPC），是一种新型高技术混凝土，采用常规材料和工艺生产，具有混凝土结构所要求的各项力学性能，是高耐久性、高工作性和高体积稳定性的混凝土。

3 高性能混凝土的应用意义

高性能混凝土有较高的密实性、抗裂性、抗渗透性、抗化学腐蚀性和工作性，既能提高混凝土耐久性，又充分利用工业废料，减少水泥生产的能源消耗与污染，在节能、节料、工程经济、劳动保护以及环境保护等方面都具有重要意义。

4 高性能混凝土的配合比设计

高性能混凝土在配制上的特点是低水胶比，较低的水泥用量、较多的矿物掺合料用量，较少的拌和水用量。胶凝材料和矿物质、粉煤灰作为保证混凝土高耐久性的基本物质，在设计原材料配合比时需要特别注意胶凝材料中矿物质和粉煤灰的比例。

高性能混凝土中的胶凝材料用量不仅有最低限度要求，还有最高限度控制规定。通常情况，C30及以下级别的混凝土中胶凝材料总量不宜超过400kg/m³，C35～C40级别的混凝土中胶凝材料总量不宜超过450kg/m³，C50配合比胶凝材料用量高性能混凝土实施细则要求不宜大于490kg/m³。鉴于国内生产砂石级配及粒型不太合理，C50混凝土胶材用量一般在490kg/m³左右。

配合比设计时检测指标包括强度、抗冻耐久性指数、气泡间距系数、氯离子扩散系数、碱含量、氯离子含量等。这些指标都应在规范允许的范围内。

5 高性能混凝土的质量控制

5.1 控制混凝土坍落度

每次开盘拌和混凝土及新换原材料时，都要进行试拌，实测混凝土坍落度，观察工作性能。对拌和用水、外加剂、砂石料、矿粉等原料掺量进行验证，并跟随混凝土罐车到现场，观察运输后的状态，在允许的范围内及时对混凝土配合比进行动态调整。

一般有几种情况会导致坍落度滞后，第一种情况是搅拌时间不够，减水剂在搅拌过程中的作用没有完全发挥，导致滞后发挥作用，混凝土出站时坍落度和和易性满足设计要求，而到现场后坍落度增大，和易性变差，这种情况下只有通过延长搅拌时间进行控制。第二种情况是减水剂本身存在滞后现象，出盘混凝土坍落度经过静置或罐车运输到现场后，坍落度增大，这种情况只能临时降低出站的控制值，并尽快通知外加剂厂家对外加剂进行调整。

5.2 严格控制混凝土的水胶比

配合比的正确使用是混凝土质量控制的关键环节，水胶比是高性混凝土的一个关键指标。各有关岗位人员应严格按照配合比调整权限的范围对各种原材料用量进行调整，以确保混凝土质量。施工过程中运输时间过长，导致坍落度损失过大；搅拌好的混凝土若因停放时间过长致使下料困难，甚至难以振捣时，应按规定废弃，不得加水重塑，更不允许为贪图施工方便随意增加单位用水量。

5.3 建立标准化和精细化施工理念

高性能混凝土仍然是用常规材料和常规工艺制造的水泥混凝土，但是需要在制作上通过严格的质量控制，使其达到良好的工作度、均匀性、密实性和体积稳定性，以满足耐久性的基本要求。施工人员应改变传统观念，树立质量意识，进一步规范生产及施工管理。

5.4 加强对拌和站的管理与监控

试验员对砂、碎石的含水率应按时进行检测，混凝土开盘前，必须经试验室主任、拌和站技术负责人共同到操作室确认各材料的称量数值。

搅拌机拌和的混凝土严格按施工配合比配料，在下盘材料装入前，搅拌机内的拌和料要全部卸清。搅拌设备停用时间不能超过30min，并不得超过混凝土的初凝时间。否则，必须将搅拌筒彻底清洗后才能重新拌和混凝土。

混凝土拌制速度要和灌筑速度紧密配合，拌制速度应满足灌筑需要。拌和站站长随时与混凝土浇筑作业处进行沟通，了解施工进度和供需要求是否一致，及时调整搅拌计划并下达调整指令。

5.5 定期做好各种计量器具的检定

按规定定期进行各种计量器具的检定。每次使用前进行校核，保证计量准确。混凝土搅拌机正常运转半个月时，为保证计量误差满足要求，需经自校检验。

5.6 加强混凝土运输管理

在运输混凝土过程中，应保持运输混凝土的道路平坦畅通，尽量减少混凝土运输的转运过程；当因混凝土质量不合格拒绝接收时，应迅速联系拌和站，按照调度指令进行处理。

5.7 加强养生管理

混凝土浇筑成型后，应及时用土工布覆盖养生。对于预制梁板，应保证工艺规定的喷淋次数，从而确保混凝土有足够的水化用水量；对于墩柱结构，应用塑料布进行覆盖，避免水分过分散失，并定期补充水分；对于桥面铺装层，应保证整个铺装层全面覆盖，并及时浇水，避免塑性收缩裂缝及干缩裂缝的产生。所有构件养生过程中，不得直接使用地下水、河水作为养生用水，避免温度骤降，混凝土因内外温差过大而产生裂缝。冬季施工采用蒸汽养生时，应延长静停时间至24h，静停期间应保证养护环境温度为5~20℃；当采用搭建大棚炉火加热养生时，应注意产生的烟雾，要及时排放到大棚外，避免混凝土发生碳化，导致混凝土耐久性下降。

6 高性能混凝土外观质量控制

实际混凝土施工过程中出现的外观质量问题主要是气孔、水纹、色差及蜂窝、麻面，钢筋出漏、孔洞和缺棱掉角等。

6.1 混凝土表面产生气孔的对策

（1）掺入减水剂，减小用水量，充分做好理论配合比，混凝土拌和前调整好施工配合比，拌和时控制好用水量，限制坍落度，严格执行水胶比。如聚羧酸减水剂消泡不良，混凝土表面易出现较大气泡，因此应对减水剂消泡，再引气。

（2）控制好振动棒振捣间距及振捣时间。

（3）在外侧模板上使用附着式振动器，或在振捣时轻敲模板，可帮助附着在侧模上的气泡逸出，从而达到消除气泡的效果。同时控制混凝土的最大浇筑高度，一般不超过30cm/层，对于倒角等气泡不易排出的部位，应再适当减少浇筑高度，一般不超过20cm/层。

6.2 混凝土表面产生水纹的对策

（1）施工前必须做好施工配合比，确定好水胶比及砂、石含水量，混凝土拌和过程中必须严格控制坍落度，对坍落度不符合要求的混凝土必须倒掉，严禁不合格的混凝土入模，控制混凝土入模自由落差高度不超过规范要求。

（2）混凝土振捣时必须将振动棒插入到下层5cm以上，且振捣时必须控制每一棒的振捣时间，保证混凝土不再沉陷和不再冒水气泡。振捣时间也不能过长，过长将会引起混凝土的离析。

6.3 混凝土表面色差的对策

（1）混凝土拆下的模板应定期进行整形、修补、除锈、打磨、清理、刷油，保证模板整洁；使用的脱模剂应采用合法、正规、专业厂家生产的产品，不能使用废机油等会引起色差的脱模剂，也不能使用易黏附于混凝

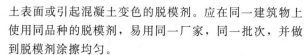

土表面或引起混凝土变色的脱模剂。应在同一建筑物上使用同品种的脱模剂，易用同一厂家，同一批次，并做到脱模剂涂擦均匀。

（2）混凝土浇筑前用洁净的水冲洗钢模板表面；钢筋焊接过程，避免对模板表面污染；模板安装完毕后要立即组织人力、物力抓紧施工。

（3）混凝土运输过程中严禁出现离析现象。在振捣过程中不能出现漏振、过振、欠振现象。应严格控制原材料质量，尤其是粉煤灰等原材料的品质，易用二级以上的粉煤灰。同一混凝土结构应保证原材料一致。

（4）分层浇筑混凝土时应控制混凝土坍落度，优化施工工艺，降低混凝土层与层之间浇筑时间间隔，提高混凝土浇筑的连续性。

6.4 混凝土表面蜂窝、露筋、孔洞、缺棱掉角的对策

（1）加强振捣，采取二次振捣法，前人初振，后人隔一段时间后复振，分段分层，专人负责。这样可控制漏振或振捣不到位的现象，也可减少气泡的发生。

（2）控制好混凝土的配合比，适当增大砂率，加强集料级配的检测，不合格的集料不得进场，混凝土拌和时控制好坍落度，模板拼缝可加工成企口形，便于咬合，并在缝间采用高密海绵条、橡胶条或双面胶带处理，确保接缝平整，严密不漏浆。

（3）脱模剂一定要涂均匀，不能太少，也不能太多，甚至流淌。浇筑好的混凝土必须按规范要求达到一

定的强度之后才能拆模，拆模时注意保护棱角，不能用坚硬的撬杠碰撞硬撬，避免用力过猛过急，吊运模板，防止撞击棱角，运输时，将成品阳角用麻袋、棉布、木板等保护好，以免碰损。

（4）钢筋混凝土垫块要专门制作，安装正确，固定牢靠，避免钢筋移位变形。

6.5 预制梁浇筑存在的问题及对策

（1）如果梁体常有施工痕迹，出现施工冷缝，应检查搅拌站的生产能力和运输能力是否满足施工需要，如不满足应增加应急备用搅拌站，确保连续供料。不管什么原因混凝土仓面已凝固硬化，必须停仓处理。

（2）梁体表面钢筋垫块痕迹明显时，可将进场垫块使用前充分浸透水后使用，防止钢筋垫块痕迹明显。

（3）浇筑混凝土时，应严格遵照高性能混凝土实施细则各项规定施工，严格把关，及时保湿保温养护。

7 结语

高性能混凝土作为一种使用性能较好的混凝土，已经在公路工程中得到广泛应用。在高速公路桥涵工程整个施工过程中，施工人员必须采取有效措施控制高性能混凝土的质量，保证混凝土的耐久性、高工作性和高体积稳定性，延长其使用寿命。

混凝土温控费用多元线性
回归估算模型研究

李东林　祝显图/中国水利水电第七工程局有限公司

【摘　要】 在大型水电工程建设中，混凝土温控费用占混凝土施工费用的比重较大，在估算中科学、合理地制定温控费用，不但可保证混凝土的质量，还能有效地控制投资，减少成本。本文通过对影响混凝土温控费用的因素进行收集、分析、整理，利用回归方法建立温控费用统计多元线性回归估算模型，进行大型水电工程混凝土温控措施费用的快速估算，可为解决当前混凝土温控费用估算不准的问题提供借鉴。

【关键词】 混凝土温控　费用估算　多元线性回归　模型研究

1　引言

大体积混凝土浇筑后水泥产生水化热，坝体内外温差容易导致混凝土出现裂缝，从而影响大坝的使用安全，必须严格控制坝体内的混凝土最高温升，降低混凝土的内外温差。而控制混凝土最高温升的方法之一就是降低入仓温度。

设计概算编制阶段，温度控制措施费按建筑物混凝土工程量乘以温控措施费用指标系数进行计算。由于当前从设计到施工，对混凝土温控措施的技术经济分析不够全面深入，确定单位混凝土温控措施费用指标随意性较大，影响了可研设计阶段温控措施费计算的准确性和合理性。

在大型水电工程建设中，混凝土温控费用在总施工费用中所占的比重较大，科学、合理、有效地控制温控费用对坝体投资有较大影响。本文从混凝土热平衡原理出发，通过分析不同级配混凝土在满足设计出机口温度所需采取温控措施量与温控费用之间的相关性，探究不同预冷措施对温控措施费用影响的差异性，利用逐步回归方法建立温度措施费用统计回归估算模型，以实现大型水电工程混凝土温控措施费用快速准确估算，为类似水电工程项目提供借鉴与参考。

2　影响混凝土温控费用的主要因素

2.1　坝区气候条件

坝址所处气候条件直接影响混凝土生产原材料和生产用水的初始温度，进而影响为达到混凝土温控要求施加温控措施量及费用，温控费用的大小与坝址所处地区的气温和水温呈现正相关性。

2.2　混凝土温控要求

根据《水工混凝土施工规范》（SL 677—2014）及混凝土施工技术要求相关规定，采取控制措施，使混凝土内部最高温度不超过设计控制温度，满足混凝土出机口温度要求，是目前大体积混凝土施工的常规做法。出机口温度越低，需施加的温控措施量越多，所需费用就越大。

2.3　混凝土配合比

混凝土配合比因各种原材料的组成及比热不同，在试算混凝土预冷措施时所需施工的措施费也不一样。

2.4　混凝土材料比热

混凝土材料比热是指单位质量的混凝土所需水泥、水、粉煤粉、砂石骨料等组成材料改变单位温度时吸收或释放的能量，并由此引发不同温度升降幅度而导致费用的增加或减少。

3　制冷工艺及设备配置

某电站温控主要工艺流程为：一次风冷、二次风冷、加冷水或加冰的制冷工艺，系统制冷容量为1275万

kcal/h❶（标准工况），主要设备及技术参数见表1、 表2。

表1　　　　　　　　　　　　　　　　某电站制冷系统主要设备表

序号	项目	型号	单机功率/kW	台数	备注
一	一次风冷				
	螺杆压缩机	LG25ⅡA450	450	4	一次风冷车间
	螺杆压缩机	LG20ⅡA250	220	3	一次风冷车间
	高压储液器	ZA8.0		4	一次风冷车间
	氨泵	CNF40-200		10	一次风冷车间
	冷却塔	BLS(Ⅱ)J900		2	一次风冷车间
	空气冷却器	GKL2900		2	调节料仓侧面
	空气冷却器	GKL2600		2	调节料仓侧面
	低压循环储液器	DX12		4	一次风冷车间
二	二次风冷				
	螺杆压缩机	LG25ⅡA450	450	5	制冷楼
	螺杆压缩机	LG20ⅡA250	220	2	制冷楼
	低压循环储液器	ZA8.0		5	制冷楼
	空气冷却器	GKL2100			拌和楼
	轴流风机	JKJ60-2NO7.1	45	16	拌和楼
三	制冷水或制冰				
	螺杆压缩机	LG25ⅡA450	450	2	制冷楼
	螺杆压缩机	LG20ⅡA200	200	2	制冷楼
	螺杆式冷水机组	LSLGF1000	250	1	制冷楼
	片冰机	PBL-2×110	4.62	8	制冷楼
	片冰气力输送装置			2	制冷楼

表2　　　　　　　　　　　　　　　　某电站制冷系统主要技术参数表

序号	项目	单位	数量	序号	项目	单位	数量
1	预冷混凝土设计生产能力	m³/h	360（常态10℃）	4	制冷装机容量	万kW	1.48
						万kcal	1275
2	冷风循环量	万m³/h	64+44	5	一次风冷骨料	万m³/h	6~8
3	片冰生产能力	t/h	10	6	二次风冷骨料终温	℃	-2~2

4　预冷混凝土出机口温度计算

根据大坝常态混凝土设计出机口温度要求（10℃）和电站坝址所在地的水文气象资料，混凝土配合比进行符合性试算。即通过公式 $T_c = \sum Q / \sum P$ 试算，可以选择一次风冷、二次风冷、加冷水、加冰及几种温控措施组合进行逐步试算，直至达到设计要求的出机口温控标准。

---

❶ cal［卡（路里）］为废除的计量单位，1cal=4.1868J，全书下同。

5 温控措施费用计算

5.1 温控分项措施单价计算

5.1.1 一次风冷单价计算

根据某电站制冷系统工艺设计图，相关设备配置情况及当时资源要素价格，采用一次风冷工艺措施将骨料初始温度预冷至 7～8℃，平均降幅为 13.5～15℃，由水利部概算定额附录表 11-6，计算得一次风冷骨料单价为 0.31 元/t℃。

5.1.2 二次风冷单价计算

采用二次风冷工艺措施将石子在一次风冷基础上预冷至 -2～2℃，由水利部概算定额附录表 11-7，计算得二次风冷骨料单价为 0.26 元/t℃。

5.1.3 制冷水单价

参考水利部概算定额附录表 11-3，计算得用平均 25.7℃天然水温制 5℃冷水的单价为 0.57 元/t℃。

5.1.4 制片冰单价

参考水利部概算定额附录表 11-4，计算得用 5℃冷水制 -8℃片冰的单价为 244.41 元/t。

5.2 预冷综合单价确定

根据混凝土温控原理，运用降温幅度分析法建立分月温控措施费用函数

$$F_i = f(G_j, \nabla t_j, M_j)$$

式中　G_j——各月预冷分项措施单位耗量；

　　　∇t_j——各月预冷分项措施降温幅；

　　　M_j——各月预冷分项措施单价，具体计算详见表 3。

表 3　混凝土预冷综合单价计算表

项　目	单位	数量	材料温度/℃			分项措施单价		合价/(元/m³)
			初温	终温	降幅	单位	单价	
常规混凝土 10℃								16.24
5℃冷水	t	0.0485	23.35	5.00	18.35	元/(t℃)	0.57	0.51
-8℃片冰	t	0.012				元/t	244.41	2.88
一次风冷骨料	t	1.606	25.70	7.00	18.70	元/(t℃)	0.31	9.31
二次风冷骨料	t	1.606	8.50	0.01	8.49	元/(t℃)	0.26	3.54

6 温控费用的多元线性回归估算模型

通过上述相关计算分析，对影响混凝土出机口温度的多个自变量进行识别，运用多元线性回归分析方法对数据进行处理，建立混凝土温控措施费用多元统计回归估算模型，探寻或找出混凝土生产过程中各种经济变量相互联系程度、联系方式及运动规律。

6.1 影响因素与样本数据收集

通过理论计算和进行预冷混凝土工艺试验，发现引起混凝土出机口温控费用变化的因素有很多，如原材料、配合比、气温、水温、含水率、材料比热、进料温度、采取不同的预冷工艺措施等因素都会影响温控措施费用。

传统的温控费用估算没有考虑要素投入成本，主要是根据潜热量的大小采取预冷措施，造成了较大的浪费且不经济。根据温控费用函数，要实现温控总费用 F 最小，在满足设计出机口温度要求的前提下，尽量优先采用预冷综合措施费用最低的温控措施。结合本工程实际，优先选择单位成本最低的骨料预冷措施，其次选择加冷水，再次选择加冰的措施，并按此先后顺序进行组合来实现综合预冷温控措施费用最优化。

针对分析以上的温控措施费用影响因素，本样本数据来源选取了某电站制冷系统设计方案，并采取严格的现场温控监测试验，对原始数据进行整理，样本数据见表 4。

表 4　多元回归变量-各月单位体积混凝土温控措施量

时间/(年-月)	冷水降温量/t℃	加冰量/t	一次风冷骨料降温量/t℃	二次风冷骨料降温量/t℃	温控措施费/(元/m³)
	(x_1)	(x_2)	(x_3)	(x_4)	(y)
2016-04	0.795	0.000	21.681	12.816	10.51
2016-05	0.883	0.012	30.193	13.657	16.35
2016-06	0.796	0.022	34.529	13.645	20.08
2016-07	0.766	0.024	35.653	13.659	20.93
2016-08	0.799	0.025	35.814	13.632	21.11
2016-09	0.787	0.023	34.850	13.650	20.32
…	…	…	…	…	…
2018-04	0.741	0.000	20.717	12.258	10.03
2018-05	0.890	0.009	28.266	13.632	14.96

续表

时间 /(年-月)	冷水降温量 /t℃	加冰量 /t	一次风冷骨料降温量 /t℃	二次风冷骨料降温量 /t℃	温控措施费 /(元/m³)
	(x_1)	(x_2)	(x_3)	(x_4)	(y)
2018 - 06	0.841	0.020	34.850	13.634	19.72
2018 - 07	0.843	0.022	35.814	13.655	20.41
2018 - 08	0.862	0.019	34.047	13.650	19.14
2018 - 09	0.940	0.013	30.675	13.631	16.77
2018 - 10	0.918	0.008	27.463	13.624	14.41

注 表中单位 t℃ 表示物资温度变化 1℃；每立方米混凝土分项措施降温量＝材料重量 G×材料温度降幅。

6.2 模型建立及参数估计

以预冷混凝土单位措施费（y）为因变量，冷水降温量（x_1）、加冰量（x_2）、一次风冷骨料降温量（x_3）、二次风冷骨料降温量（x_4）为自变量建立如下多元线性回归模型：

$$y=\beta_0+\beta_1x_1+\beta_2x_2+\cdots+\beta_kx_k+\mu$$

式中　　　k——解释变量的数目；

$\beta_j(j=1,2,\cdots,k)$——回归系数；

μ——随机干扰项。

多元回归模型中常用调整可决系数 $\bar{R}^2$ 回归线对样本观测值的拟合优度，$\bar{R}^2=1-(1-R^2)(n-1)/(n-k-1)$；$t$ 检验用于变量显著性检验，$t=(x-\mu_0)/(s/\sqrt{n})$；F 检验主要用于回归方程显著性检验，$F=\sum\hat{y}_i^2/\left(\dfrac{\sum e_i^2}{n-1}\right)$。以下结果数据均由计量统计软件 Eviews 计算得出。

利用 Eviews 软件，对现场温控监测试验收集整理后的样本数据，采用最小二乘估计法（OLS）进行多元线性回归分析，可以得到如下 OLS 初步估算预测模型：

$$\hat{y}=0.401x_1+219.68x_2+0.352x_3+0.197x_4+0.027 \tag{1}$$

$$t=(1.79)(21.87)(19.49)(6.50)(0.76)$$

$$\bar{R}^2=0.975；DW=1.73$$

6.3 模型统计检验

6.3.1 拟合优度检验

采用多重判定系数 R^2 可以测定多元线性回归线对样本观测值的拟合程度。R^2 的取值范围为 $0 \leqslant R^2 \leqslant 1$，$R^2$ 值越大，解释变量对因变量的解释比例越多，模型越精确。由 OLS 回归结果可以看出，本模型多重判定系数 $R^2=0.969$，调整的可决系数 $\bar{R}^2=0.931$，可以认为模型回归曲线对观测值的拟合优度高。

6.3.2 方程总体线性关系的显著性 F 检验

F 检验主要用于验证模型中的参数是否显著不为 0。检验的零假设为 $H_0：\beta_1=\cdots=\beta_k=0$；$H_1：\beta_1=\cdots=\beta_k\neq0$；检验统计量 $F=\dfrac{ESS}{K}/RSS(n-k-1)$ 服从于自由度为 $(k，n-k-1)$ 的 F 分布。若 $F>F_a(k，n-k-1)$，则拒绝零假设，认为回归方程是显著的；反之则不能拒绝原假设。

本模型中由 OLS 回归结果可以看出，取显著性水平 $\alpha=0.05$，查 F 分布表得 $F_a=0.05(4，31)=2.68$，模型的线性关系在 95% 的置信度下是显著的；当置信度为 0.05 时，F 检验统计量的伴随概率 $P(F-statistic)$ 也小于 0.05，表明了该初步模型总体回归显著拟合度高。

6.3.3 变量的显著性 t 检验

对于多元线性回归模型，还需要对各个变量的显著性进行 t 检验，测定各个解释变量对因变量是否有显著影响。

本模型中由 OLS 回归结果可以看出，当 $\alpha=0.05$，查表得 $t\dfrac{\alpha}{2}(n-k-1)=t_{0.025}(31)=2.042$，可见，$x_2$、$x_3$、$x_4$ 所对应的 t 检验统计量 t 值都大于该临界值，表示模型选取的这三个解释变量都显著；由于解释变量中存在多重共线性，使得 x_1 及常数项参考估计值未能通过 t 检验，需进行相关系数检验以消除多重共线性。

6.3.4 相关系数检验

利用 Eviews 软件对多元线性回归模型中自变量冷水降温量（x_1）、加冰量（x_2）、一次风冷骨料降温量（x_3）、二次风冷骨料降温量（x_4）的相关系数进行分析，其结果见表 5。

表 5　　　　相　关　系　数　表

变量	x_1	x_2	x_3	x_4
x_1	1.000000	0.653907	0.899123	0.983785
x_2	0.653907	1.000000	0.912400	0.700767
x_3	0.899123	0.912400	1.000000	0.929625
x_4	0.983785	0.700767	0.929625	1.000000

由表 5 中数据可以发现 x_1 与 x_4、x_2 与 x_3 间存在高度相关性，x_3 与 x_4 之间有很强的替代性，不能全部作为因变量来建立函数关系。利用逐步回归方法对自变量进行筛选以确定最优的自变量，通过剔除 x_3、x_4 可以消除多重共线性，得到最后预测模型：

$$\hat{y}=12.055x_1+438.692x_2+0.584 \tag{2}$$

$$t=(27.18)(44.39)(2.18)$$

$$\bar{R}^2=0.9653；F=3744.736，n=36$$

6.4 多元线性回归模型的实证及应用

6.4.1 多元线性回归模型验证及误差分析

将 36 组样本中 6—10 月数据带入回归模型可得到单位预冷混凝土温控措施费的回归值，将回归值与各样本的单位温控措施费用进行对比。利用公式 ε＝（实际值－回归值）/（实际值）×100％，计算出各组样本数据回归值与实际值的误差，误差结果可基本满足估算精度要求。具体对比计算结果见表 6。

表 6　　　实际值与回归值的对比表

时间/(年-月)	实际值	回归值	绝对误差	相对误差/%
2016 - 06	20.08	19.83	0.26	1.27
2016 - 07	20.93	20.40	0.54	2.56
2016 - 08	21.11	21.00	0.11	0.53
2016 - 09	20.32	19.98	0.34	1.67
2016 - 10	17.30	18.35	-1.04	-6.03
...	...	...	...	...
2018 - 06	19.72	19.50	0.22	1.10
2018 - 07	20.41	20.22	0.20	0.96
2018 - 08	19.14	19.14	0.00	0.02
2018 - 09	16.77	17.62	-0.86	-5.10
2018 - 10	14.41	14.94	-0.53	-3.66

6.4.2 多元线性回归模型应用

根据得到的多元线性回归方程（2），对某电站 2019 年混凝土温控措施费用进行估算，见表 7。

表 7　某电站 2019 年混凝土温控措施费用预测估算表

时间/(年-月)	估算值/(元/m³)	时间/(年-月)	估算值/(元/m³)
2019 - 04	10.12	2019 - 08	20.35
2019 - 05	15.84	2019 - 09	19.02
2019 - 06	19.56	2019 - 10	16.26
2019 - 07	20.36		

7 结论

鉴于大型水电站预冷系统工艺的复杂性、各地区环境、温度差异等因素造成预冷温控费用缺乏能论证的估算衡量标准，很难对该项费用进行快速有效确定与控制。本文在满足设计要求的前提下，从最优经济成本费用的视角，结合大型电站混凝土施工生产监测实践，对影响温控费用的重要参数样本进行多元线性回归，并用逐步回归法对模型进行优化，可为类似工程建设相关费用决策提供借鉴和参考。

参考文献

[1] 李子奈，潘文卿. 计量经济学 [M]. 北京：高等教育出版社，1998.

[2] 水利部水利建设经济定额站. 水利建筑工程概算定额 [M]. 郑州：黄河水利出版社，2002.

[3] 顾冬冬. 西花拱坝温度应力场仿真研究及温控费用计算 [D]. 西安：西安理工大学，2012.

[4] 陈长. 水电工程混凝土温控措施及费用计算 [J]. 水电与抽水蓄能，2016（3）：103 - 106.

[5] 宋力. 混凝土双曲拱坝温度控制措施费用估算研究 [D]. 武汉：武汉大学，2004.

白鹤滩水电站三滩混凝土生产系统工艺设计与布置

曾凡杜/中国水利水电第八工程局有限公司

【摘　要】　白鹤滩水电站三滩混凝土生产系统所在地区夏季炎热，布置位置陡峭狭小，生产任务量大，强度高，本文论述了其系统布置、工艺设计和取得的成果，可为类似工程提供借鉴。

【关键词】　白鹤滩水电站　混凝土生产　系统布置　工艺设计

1　工程概况

白鹤滩水电站位于金沙江下游四川省宁南县和云南省巧家县境内，上接乌东德梯级，下邻溪洛渡梯级。电站开发任务以发电为主，兼顾防洪，并有拦沙、发展库区航运和改善下游通航条件等综合利用效益，是西电东送骨干电源点之一，装机容量为1600万kW。工程由拦河坝、泄洪消能建筑物和引水发电系统等主要建筑物组成。

三滩混凝土生产系统在运行期间承担左右岸导流隧洞进口及上游工作面、左右岸引水系统、泄洪洞进口及上游工作面、右岸地下厂房系统、右岸尾水系统等部位混凝土供应任务，生产总量约501万m³，其中二级配常态混凝土约占90%，预冷混凝土444.3万m³。常温及预冷混凝土最高月生产强度均为12万m³，对应小时生产强度360m³，预冷混凝土出机口温度14℃。

2　系统布置

三滩混凝土生产系统布置于右岸坝址上游约2.8km、高程683.00～708.00m的平台上。系统占地面积虽然达到33000m²，但场地外围陡峭，可利用面积十分狭小。为尽量减小系统占地面积，采取了充分利用地形高差，简化工艺流程，同时与相邻砂石系统共用成品料仓的方式，骨料从成品料仓通过胶带机直接输送至拌和楼。胶凝材料罐呈双排沿4号上坝公路布置在683m平台。考虑到混凝土高峰月生产强度大且持续时间长、胶凝材料运输车车流密度大的特点，在胶凝材料罐附近专门设置了卸料平台，以保证车流顺畅。拌和楼布置在688m平台，沉淀池靠近两座楼中间位置布置，保证了交通的通畅且缩短了污水排水沟长度。空压站布置在拌和楼与胶凝材料罐中间位置，缩短供气管道长度，降低管道压力损耗。制冷车间布置在701m平台，蒸发式冷凝器车间布置在708m平台，两平台之间7m高差保证了蒸发式冷凝器中的氨液能顺畅流入制冷车间储液设备。制冰楼、外加剂车间布置在703m平台。制冰楼气力输送设备与拌和楼小冰仓入口基本处于同一高度，减少了气力输送阻力，能较好的保证片冰完整性。另在合适位置布置有配电室、实验室、地泵房、仓库等设施。三滩混凝土生产系统主要技术指标、平面布置分别见表1、图1。

表1　　　　　　　　三滩混凝土生产系统主要技术指标表

序号	项	目	单位	指标	备 注
1	混凝土生产能力	常温常态混凝土	m³/h	480	
		预冷混凝土	m³/h	360	出机口温度不高于14℃
2	胶凝材料储量	水泥	t	12000	满足浇筑高峰期10d储量
		粉煤灰	t	13500	满足浇筑高峰期37d储量

序号	项　目		单位	指标	备　注
3	骨料储量	粗骨料	m³	99000	满足浇筑高峰期7d储量
		细骨料	m³	74000	满足浇筑高峰期10d储量
4	制冷容量		10⁴kcal/h	800	标准工况
5	片冰产量		t/d	480	
6	空压机房容量		m³/min	240	
7	最大供水量		m³/h	100	
8	系统总装机功率		kW	7550	
9	系统总建筑面积		m²	1697	
10	系统总占地面积		m²	33000	

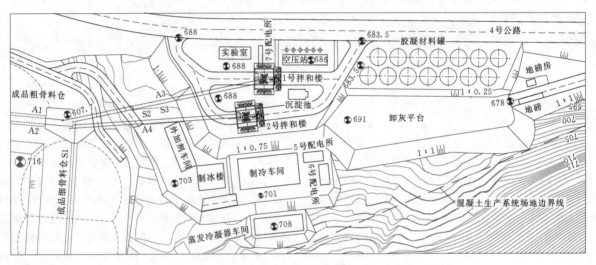

图1　三滩混凝土生产系统平面布置图

3　工艺设计

系统配置2座HL240-2F4000L自落式拌和楼，常态混凝土生产能力为480m³/h，预冷混凝土生产能力为360m³/h。两座拌和楼均配置预冷设施，制冷容量800万kcal/h（标准工况），可满足高温季节14℃预冷混凝土360m³/h的浇筑强度。根据系统所处地域特性、设计的能力及强度要求，进行了工艺流程设计，具体见图2。

3.1　拌和工艺

3.1.1　骨料储运

骨料由相邻的砂石系统成品料仓供应，成品料仓分为成品粗骨料仓和成品细骨料仓。成品粗骨料堆场容量为99000m³，活容积满足混凝土浇筑高峰期7d用量。成品细骨料堆场容量为74000m³，容量满足混凝土浇筑高峰期10d用量。成品骨料仓按2.6%的坡度开挖，满足成品骨料堆存场地排水要求。不同粒径的骨料分别堆存，骨料之间用浆砌石挡墙隔开。细骨料仓设防雨棚和

排水盲沟。

成品粗骨料仓和细骨料仓底设气动弧门出料，仓下分别设置1条出料廊道。成品粗骨料仓下廊道内布置2条出料胶带机，细骨料仓下廊道内布置1条出料胶带机。粗骨料由气动弧门给料至廊道内2条粗骨料出料胶带机出料，再分别搭接2条胶带机运往拌和楼粗骨料风冷料仓。细骨料由成品细骨料仓底气动弧门给料至廊道内的细骨料出料胶带出料，该胶带机机头位置设置1个分料斗，分料斗将细骨料流切换至2条胶带机，分别将细骨料输送至2座拌和楼。骨料上楼料胶带机均设雨棚，保障细骨料含水率满足设计和标准规范要求。

粗骨料在拌和楼料仓中进行风冷冷却。拌和楼料仓设4个单仓，单仓尺寸：长×宽×高=5m×3.6m×8.5m，总储量可满足拌和楼满负荷运行3h以上的粗骨料需求量。

3.1.2　胶凝材料储运及除尘

系统所需胶凝材料全部为散装，采用胶凝材料罐车运至系统内。设置16个胶凝材料罐储存胶凝材料，其中6个2000t水泥罐，总储量为12000t，可满足浇筑高

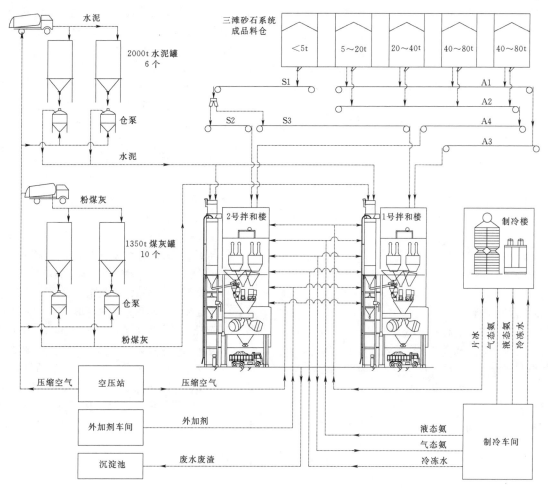

图2 三滩混凝土生产系统工艺流程图

峰10d的用量；10个1350t粉煤灰罐，总储量为13500t，可满足浇筑高峰37d的用量。

罐车自带气力卸车装置，罐车卸料及系统内胶凝材料运输均采用气力输送方式。胶凝材料罐至拌和楼输送设备采用CB仓泵，每个水泥罐均配置1台CB6.0型仓泵，每个粉煤灰罐均配置1台CB4.5型仓泵，该型号仓泵的水泥、粉煤灰输送能力分别达到60t/h、40t/h。

本混凝土生产系统需要生产少量采用硅粉作为掺合料的混凝土。为简化工艺流程，拌和楼增加一个400t胶凝材料罐及配套输送称量装置用于储存硅粉及配料。由于硅粉用量小，生产强度不大，硅粉采用机械配合人工上料。

胶凝材料罐顶配置清灰动能大、效率高的MC-48压力式袖袋除尘器，其处理风量达130m³/min，排气含尘量小于100mg/m³，以满足环保要求。

3.1.3 供配气

系统供风项目主要有胶凝材料罐车卸料、胶凝材料输送及胶凝材料罐顶除尘、外加剂搅拌、气动弧门及气阀启闭等。设置1座总供风容量240m³/min的空压站，配置5台40m³/min、2台20m³/min电动空压机，每台空压机均配置有储气罐等辅助设备。

3.1.4 外加剂拌制及输送

系统设置1座外加剂车间，由库房、搅拌间、值班室组成。搅拌间布置4个搅拌池进行外加剂的配制，再通过2路减水剂管道和2路引气剂管道用耐酸泵分别输送至2座拌和楼外加剂配料箱内。

3.1.5 废水处理

系统污水主要由冲洗拌和楼、拌和楼地坪及外加剂储料平台等设施所产生。污水属间歇性排放，所含杂质成分复杂。为保证污水能循环利用或达到排放标准，在拌和楼附近设置沉淀池系统，对污水进行加药沉淀处理。沉淀后的清水回收利用。池内的沉渣定时用1.0m³的挖掘机进行清理。污泥采用泥渣泵吸取，就地固化。沉渣和固化后的污泥采用8t自卸汽车运输至指定的弃渣场。

3.2 预冷工艺

预冷系统的工艺设计根据最高月平均气温、原材料初始温度及其比热容、混凝土拌和机械热、骨料含水率、参考配合比等条件来确定主要预冷措施，再视现场实际情况采取预冷辅助措施来增强预冷效果。

3.2.1　设计条件

预冷系统以气温最高的 7 月为设计控制月，7 月多年月平均气温为 27.5℃、水温 21.8℃。片冰潜热利用率 90%，混凝土拌和机械热 1000kcal/m³，砂含水率 6%。骨料比热 963J/(kg·℃)，砂比热 963J/(kg·℃)，胶凝材料比热 796J/(kg·℃)，水比热 4187J/(kg·℃)，片冰比热 2094J/(kg·℃)。在设计控制月混凝土原材料的初始温度：水泥为 50℃、粉煤灰为 45℃、砂 25.5℃、粗骨料为 27.5℃、水温 21.8℃。

3.2.2　参考配合比

根据工程实际，预冷系统以生产二级配预冷混凝土为主，设计采用的参考配合比（$C_{90}25$）主要参数为：用水量为 140kg/m³，水泥用量为 250kg/m³，粉煤灰用量为 83kg/m³，砂用量为 710kg/m³，骨料用量为 1317kg/m³。

3.2.3　主要预冷措施

根据系统预冷混凝土高峰时段小时生产强度及前文所列预冷工艺设计条件和参考配合比，采取在拌和楼料仓内对粗骨料进行一次风冷降温及加入足量片冰、冷水拌和的预冷措施，可保证混凝土出机口温度降至 13.5℃左右。

为保证粗骨料初始温度不高于月平均温度，细骨料温度低于月平均温度 2℃，系统运行时保证骨料堆高高度不小于 10m，并在料仓上设置挡雨棚。在拌和楼料仓内对粗骨料进行一次风冷。根据其他类似工程经验，在 HL240-4F3000L 自落式拌和楼的标准尺寸料仓内，骨料最大平均降温幅度为 15℃左右。本系统设计骨料温度降幅取值 14.5℃。每立方米混凝土加片冰 60kg，加 2℃冷水拌和。

3.2.4　主要预冷设施

设置 1 座制冷车间、1 座制冰楼、1 个蒸发式冷凝器车间，在拌和楼料仓的风冷平台上设置空气冷却器和离心风机。制冷车间为一层结构，布置有 7 台 100 万 kcal/h（标准工况）制冷压缩机组、2 台 50 万 kcal/h（标准工况）制冷压缩机组、1 台 480m² 螺旋管式蒸发器及热虹吸储液器、高压储液器、低压循环储液器、氨泵等制冷辅助设备。制冰楼共分 3 层，顶层布置 8 台 60t/d 片冰机，第二层布置 2 座 100t 冰库，第一层布置 2 台 30t/h 片冰气力输送装置。蒸发式冷凝器车间设置有 6 台 4000m² 蒸发式冷凝器。为加强一次风冷骨料的效果，设置拌和楼风冷平台上的风冷设备考虑了足够大余量，中石料仓共配置 4 台 2000m² 空气冷却器和 4 台 75kW 离心风机，小石料仓共配置 4 台 1800m² 空气冷却器和 4 台 75kW 离心风机。

3.2.5　保温措施

所有保温部分均采用 25mm 厚橡塑海绵进行保温。保温部位包括除氨泵外的其他所有低温设备、管道及阀门附件，具体包括空气冷却器、离心风机、低压循环储液器、片冰机、冷水箱、气力输送装置、供氨管、回气管、风管、冷水管、片冰输送管等。低温设备与 $\phi \geqslant$ 50mm 的主要低温管道保温层厚度为 3～4 层橡塑海绵，其他管径较小的低温管道保温层厚度为 1～2 层。

3.2.6　主要安全措施

蒸发式冷凝器为露天设备，设置有消防水喷淋系统，每台蒸发式冷凝器均设置有 2 个安全阀。制冷车间和制冰楼墙体结构上安装有 16 台防爆型排气扇，制冷车间内另配备 2 台移动式排气扇。制冷车间和制冰楼均设置一套氨气报警器和一套水喷淋系统。喷淋用水由消防水系统供应，消防水系统与生产用水系统独立设置。制冷车间外设置两台紧急泄氨器，紧急泄氨器一端与高压储液器或低压循环储液器连接，另一端与消防水管相接。各制冷设施处均配备满足规范要求的防毒面具以及消防栓、灭火器等消防器具，保证发生氨泄漏事故时，抢险人员能够安全快速进入现场进行处理。

4　结语

系统设计过程中综合考虑拌和楼、骨料储运系统、胶凝材料储运系统、预冷系统等主体设施之间的工艺流程配合衔接关系，降低物料与能源损耗；充分利用地形高差进行场地布置，减少系统占地面积；与相邻砂石系统共用成品料仓，从成品料仓向拌和楼直接上料；采取多种预冷辅助措施，最大限度发挥拌和楼风冷骨料降温潜力，减少主要预冷措施，由此简化了工艺流程，减小了土石方开挖和金属结构制作安装的工程量。

系统于 2013 年 4 月正式投产至今，累计生产混凝土超过 400 万 m³，其中 2019 年 4 月共生产混凝土 12.2864 万 m³，达到设计高峰月生产强度 12 万 m³ 的要求。系统在整个运行期间状态稳定，所生产混凝土质量及出机口温度满足设计要求，取得了良好的技术经济效益，证明该系统工艺设计与场地布置科学合理，经济适用，可供类似工程借鉴。

国外工程水工闸门制造的技术质量管理

宋鸿飞/中国水利水电第十二工程局有限公司

【摘　要】　本文以厄瓜多尔CCS水电站闸门制造项目为例，分析了国内外相关技术标准要求的差异，介绍了制造过程所涉及的材料、焊接、防腐、包装、资料等各环节遇到的一些问题，阐述了如何应对国内外水工闸门不同的验收要求，对国外工程水工闸门制造的经验进行总结，可供今后国内外的工程参考。

【关键词】　国外工程　水工闸门　制造

1　概述

厄瓜多尔科卡科多-辛克雷（CCS）水电站工程位于厄瓜多尔南部 Napo 省与 Sucumbios 省，距离首都基多约75km，是厄瓜多尔历史上外资投入金额最大、规模最大的水电站项目，总装机容量150万 kW，共布置8台单机 187.5MW 的高水头冲击式机组。

中国水利水电第十二工程局有限公司承担了该项目约1300t闸门、拦污栅及埋件制造，包括首部枢纽冲沙闸及取水口闸门和首部冲沙闸及取水口闸门埋件、叠梁门、拦污栅等。

整个项目工期紧张，从开始制造到运输至上海港，总工期只有9个月时间，而且闸门及埋件种类繁多、形式多样，部分构件的机械加工和铸锻件需要外协，在内部管理及外部协调等方面需要做大量工作。

2　生产前的准备

2.1　执行标准

闸门制造标准，既要体现中国特色，又要符合国际标准。总体上，合同要求执行欧美标准，符合美国 ASME 和 AWS 标准。我们要发展国外工程，也有必要将我们中国的标准推向国外。因此，工程开始前，报外方咨询审批的质量计划（ITP）中所述的执行标准，全部以 DL/T 5018《水利水电工程钢闸门制造安装及验收规范》标准申报，并同时满足 ASME 标准和 AWS 标准相关条款要求。

从实际操作的情况看，焊接和无损检测的总体要求按 ASME 标准执行，参考了 DL/T 5018 的相关条文。这主要体现在关于焊缝的要求上，DL/T 5018 规范有部分组合焊缝允许未焊透的说法，但我们按 ASME 标准，相关焊缝改进工艺，全部按焊透执行。外形结构尺寸主要还是执行了 DL/T 5018 规范，因为 ASME 标准没有专门针对闸门制造的内容。

厄瓜多尔 CCS 水电站的闸门制作过程，实际上也是一次 DL/T 5018 规范向外方咨询的宣传过程，外方咨询最后也同意闸门制造使用 DL/T 5018 标准。

2.2　质量检验计划

闸门或埋件开始制造之前要进行材料统计和生产工艺编制，在对闸门的质量控制系统策划和总体安排时，要编制质量检验计划（ITP）并报批，确定检验工作何时、何地由何部门开展，为检验工作的开展提供依据。

编制 ITP 文件要掌握被检产品的技术标准和设计文件，也要掌握被检产品的工艺过程。编写时应考虑周全，但也不是内容越多越好。ITP 是过程控制和质量检验与工程师协调一致的重要文件，凡是在 ITP 中确定的检验点和检验方法必须有相应的检验过程并形成书面资料，作为对检验点的响应。所设立的检验点应满足工艺的需要但不宜过多，过多的检验点有时无法实现且影响生产进度，不利于审批。

根据多年水工钢结构的生产制造经验及施工规范要

求，最终确定了材料检验、下料、焊接过程、结构装配、防腐、产品包装等过程为监测检验的重点，并根据不同工作的特点确定了检验方法和适用标准。

3 材料检验

本项目的主要钢材需进行原材料复验，钢板到货后取样并送检，进行拉伸、冲击、弯曲三项力学性能试验和化学成分分析，闸门主要选用的钢材是 ASTM242。根据中国国家标准选用了性能与其相近的 Q345B 低合金高强度钢，此类钢材在钢结构工程中应用广泛。采购选用国内大型钢铁厂的产品，复验结果均符合标准要求。需要注意的是在钢材到达制造厂后要及时核对质量证明书，对需要进行取样的钢材有总体规划，分批次检验，避免出现遗漏。

平面闸门滚轮、弧门支铰、门槽轨道等铸钢件委托具有多年水工金属结构铸件制造经验的厂家制造，但由于工期紧张，也出现了诸如支铰端板厚度不均等问题。铸钢件的主要问题：一是零件外观质量，长期以来国内市场对铸件的外观一直不重视，铸件的表面质量并不能满足国外工程的验收要求，花费了额外精力进行打磨、修补；二是制造厂家对资料的编制不是很重视，无法满足竣工资料的要求。这些问题很多是由于制造厂对于国外工程的不熟悉和验收标准的认知不深导致，需加强过程控制；进行委托时要加强沟通，准确有效地传达工程要求，过程中加强跟踪监督管理，对产品及时验收整改。

水封橡胶按照一般要求进行采购，但外方咨询工程师在审核资料时要求按 ASTM 及对应的 HG/T 3096《水闸橡胶密封件》标准提供压缩永久变形、热空气老化、蒸馏水浸泡质量变化率等资料，这在之前的采购及检验过程中是没有考虑到的，是对 ASTM 标准不熟悉造成的，最后请制造厂协助提供。此外，采购的部分水封橡胶，按照国内通常的做法是将直条运输至现场进行粘结，这样比较有利于现场安装人员调整水封尺寸，但本次发往国外却行不通，要求必须按设计要求提供直角整体弯曲水封，增加了重新采购发运成本，这也是对涉外项目经验不足产生的问题。

4 焊接与结构制造

焊接总体要满足 AWS D1.1 标准的要求，在具体的闸门焊接过程中也要以 DL/T 5018 为指导依据，针对标准的不同，工程准备阶段按照 AWS 标准做了焊接工艺评定。

AWS D1.1 中有关焊接工艺评定的规定与 DL/T 5018 的总体思路是一致的，但在母材分组、具体操作等方面有所不同。例如，AWS 规定焊接试板公称覆盖范围为 3mm 到两倍试板厚度，覆盖范围较大；除焊缝和热影响区外，还要做熔合线＋5mm 处的冲击试验，焊

接根据实际情况，本次共制作了 9 件焊接工艺评定，具体内容见表 1。

表 1　　　　焊接工艺评定（WPS）清单

序号	材料	厚度/mm	焊接位置	焊接方法	焊缝类型
1	Q345B	25	1G	SAW	CJP
2	Q345B	25	2G	SMAW	CJP
3	Q345B	25	3G	SMAW	CJP
4	Q345B	25	2G	GMAW	CJP
5	Q345B	25	3G	GMAW	CJP
6	Q345B	25	2G	FCAW	CJP
7	Q345B	25	3G	FCAW	CJP
8	Q235B/1Cr18Ni9Ti	10	2G	FCAW	CJP
9	1Cr18Ni9Ti	10	2G	FCAW	CJP

焊接完成后经拉伸、弯曲及夏比冲击试验，试件全部合格。

焊接检验时，对焊接尺寸的标准规定存在差异，DL/T 5018 对角焊缝焊脚高度允许偏差下限是－1mm，而 AWS 标准中并无下偏差的规定，所以焊接时要严格控制角焊缝焊脚高度，不能出现角焊缝小于设计高度的情况。

无损检测方面，DL/T 5018 规范对主梁和隔板的翼缘板对接焊缝，没有要求进行无损检测，而按照 AWS 规范，此处为对接焊缝，图纸也明确了坡口焊接，据此对接焊缝进行了超声波无损检测。

关于主梁腹板与边梁腹板的连接焊缝问题，取水口检修闸门的设计没有明确是否开坡口，只是在技术说明中提到一句"其余角焊缝焊脚高度 8mm"，因此，我们按角焊缝进行焊接。但是，验收组的成员认为此处角焊缝是二类焊缝，应做超声波无损检测，也就必须开坡口。对于二类焊缝是否一定就要开坡口在标准中并无明确要求，而设计也确认此处可以采用角焊缝，所以我们补充做了磁粉检测。这些问题的出现主要是由于国内外标准要求不一致、不明确，要加强协调与联系，对不明确的地方应及时统一思想。

闸门制造完成后主体结构尺寸并无太大问题，但是有很多细节的地方外方非常重视，比如螺栓孔边、切割自由边打磨不全面；母材为避免有夹具的抓痕，应采用吊带吊装；切割自由边也需要打磨成 R2 圆弧，以保证防腐效果；支臂无排水孔；主梁进人孔没封闭；侧轮安装处需设置手孔；不锈钢与碳钢叠合处的端面应封焊，否则会有锈水从缝中淌出，污染已防腐表面。作为专业的水工金属结构制造厂，这些问题在制造中应该考虑到，今后的类似产品生产中要加强重视，不断改进提高。

5 防腐

防腐过程也是制造中主要质量控制点，除锈等级 Sa2.5，表面粗糙度 $Ry60\sim100\mu m$，门叶及门槽外露面喷砂处理后热喷涂锌 $125\mu m$，喷涂磷酸环氧漆 $40\mu m$，面漆喷涂煤焦油环氧厚浆漆 $300\mu m$。门槽埋入混凝土内的部分刷车间底漆 $20\mu m$，并刷水泥浆，门槽不锈钢轨道表面涂硬膜油进行保护，防止在运输过程中被划伤，油漆采用在国内外船舶和工业中广泛使用的海虹老人牌油漆。

在国内监造工程师、业主代表进行质量检查或产品发运到现场后，在防腐方面发现了不少待改进的质量问题：

（1）主梁腹板漏水孔喷锌后未及时喷漆封闭处理；水封压板的螺栓孔内漏涂部分油漆。漏水孔、螺栓孔的厚度方向，常常容易忽视。小孔内壁不容易防腐的地方，可用细毛笔多刷几道。

（2）涂层厚薄不均。涂层的厚度检验体现了油漆工的技术水平，厚了浪费材料，薄了不符合漆膜厚度要求，现场同时在喷刷油漆的产品较多，工作流程安排不当也导致各产品间的厚度不均，技术水平的高低很大程度地影响防腐的成本。

（3）油漆存在流挂、橘皮现象。煤焦油环氧厚浆漆本身黏稠度较高，防腐又是在夏季炎热气候条件下进行，容易产生此类缺陷，检验过程需要仔细检查不遗漏。

（4）拉杆梨形孔的两个半圆孔，小孔应涂油脂，大孔应按涂层防腐，实际情况是部分大孔也进行了涂油脂防腐。梨形孔小孔表面是轴与孔的接触面，粗糙度较小，应刷硬膜防锈油。大孔则无接触要求，按门叶正常防腐要求进行防腐。这项要求简单，但需要向防腐人员交代清楚。

（5）有些门槽水泥浆涂层不均匀，外观质量差。防腐人员往往容易做到重视漆膜涂层的质量，而对水泥浆涂刷后的外观质量不太重视，质检人员也会有类似的观念。门槽到工地验收后发现有部分门槽的刷水泥浆部位锈蚀，或有水泥浆漏涂情况。海运的环境条件是比较恶劣的，因此水泥浆防腐的质量显得更加重要，水泥浆涂刷部位很容易造成返锈。

（6）工地焊缝两侧的车间底漆涂刷质量较差，分界线不直。安装现场焊缝位置，国内项目一般粘贴胶带纸，国外项目肯定要涂刷车间底漆，为保证宽窄涂刷一致，现场缝宽度为焊缝两侧 100mm，实际操作可能会窄一点，约 50mm。在刷车间底漆前可先在已刷油漆上粘一条胶带纸，在刷车间底漆后撕去胶带纸，可以保证宽窄一致，整齐美观。

（7）固定铰铰轴孔喷砂时没保护。铰轴孔喷砂时应做好保护，因为防腐人员不清楚使用功能，所以施工前做好技术交底工作很重要。同样，有些定轮如已装配轴套，轴套的表面也应覆盖后再喷砂防腐。

6 包装与出厂资料

6.1 包装

闸门门槽出厂时均为裸装，水封及标准件采用铁皮箱包装，包装时采用工字钢制作的钢托架将闸门夹在中间，用双头螺栓连接固定上下钢托架，并在托架上设置临时吊耳。各种方式的包装均须根据货物的长度、重量和重心情况合理设计起吊位置，并标明起吊点和重心。箱内各构件之间和捆装件货物钢结构之间以及钢结构与捆装材料之间，加衬胶皮或麻袋片等衬垫物，以防物件蹿动、散捆，以及由此产生的工件磨损以及运输途中铁件直接接触摩擦损伤油漆。铸钢轨道和不锈钢工作面需打磨抛光处理，并涂防锈油。

在港口装卸作业时产生过包装变形的状况，包装设计时要考虑到比较差的装卸条件，加强刚性，底部支承部位要预留出叉车的装卸空间。

吊轴镀铬后表面有划痕。这是由于吊轴在运输、储存时防护不到位。有些划痕是外协制造厂吊运时受损，有些是到厂后防护不好导致的。因此非常有必要加强成品件的防护管理，规范吊运和存储的作业方法。

6.2 出厂资料

出厂资料应清晰简洁，以审核过的 ITP 为依据，检验点要有相应的文件作为支承，不能缺少，也不能为追求齐全添加过多资料，不利文件的审查。应尽可能通过绘图来表达信息，文字表述在翻译过程中容易出现表意不明、造成误解，远不及图形表达直观明确。涉外工程要注重对国外标准尤其是 ASME 和 AWS 标准的熟悉，避免出现产品信息不符合国外标准的情况。审查过程中也出现过质量证明书不清晰的情况，质检人员需要加强重视。

7 结语

厄瓜多尔 CCS 水电站闸门制造中遇到了很多困难，一方面是要克服工期的压力；另一方面是要提高对国外标准的认知，熟悉和适应管理方式。

对于像类似 CCS 水电站这样的中国对外投资的项目，有必要努力熟悉国外标准（尤其是欧美标准）或当地的标准，做好中外标准的技术对应。面对国际市场对产品质量的高标准、严要求，技术管理工作必须适应项目建设的需要，通过对遇到问题的总结和项目经验的推广，提高对水工金属结构产品的质量控制水平，提高国际竞争力。

风电场 2MW 风机吊装施工技术

殷明杰　温红星/中国水利水电第十二工程局有限公司

【摘　要】 华润新能源河南偃师邙山 30MW 风电项目地处北方，施工工期紧，且正值冬季，面临当地强风、冬季施工等不利因素影响。本文通过分析研究，在传统风机吊装方式基础上，通过设备的优化选型、合理组织，实现了多个工作面交叉作业，提高了工作效率，可为类似工程提供借鉴。

【关键词】 风电场　2MW 风机　吊装

1　概述

华润新能源河南偃师邙山 30MW 风电项目位于河南省偃师市县城西北，安装单机容量 2MW 风机 15 台，总装机容量 30MW，配套新建一座 110kV 升压变电站。本风电场工程等别为Ⅲ等中型。通过本工程的建设，可以实现发展清洁能源、开发当地风能资源、调整区域电力结构、促进地区经济建设和环境保护的目标。

风机轮毂高度为 85m，叶轮扫风直径为 115m，机舱重量为 87t，塔筒分四节总重 117.3t，叶轮总重 63.7t，风机基础的设计等级为一级。

2　设备选型

本工程施工工期紧，且正值冬季，施工面临当地强风、冬季施工等不利因素影响。考虑履带吊的进场拆装时间周期长问题，结合公司现有的起重装备情况及成熟的吊装经验，根据设备的规格、现场具体条件及工期要求，选用一台 500t 履带式起重机、一台 260t 汽车吊和两台 50t 汽车吊。单机前期主吊机采用 260t 汽车吊，单机后期主吊机采用 500t 履带式起重机，两台 50t 汽车吊作为辅助吊机。实现多个工作面同时作业。

260t 汽车吊主要工作范围为吊装第一、第二塔筒和叶片组装；500t 履带式起重机（简称履带吊）主要的工作范围为第三、第四塔筒，机舱和叶轮系统的吊装；50t 汽车吊主要工作范围为基础环、塔筒吊装和叶轮组吊配合作业。通过上述设备的选型，可实现第一、第二塔筒吊装，第三、第四塔筒吊装，叶轮的组合，机舱及叶轮的吊装多个工作面同时作业。具体分工如表 1 所列。

表 1　起吊设备分工表

序号	部件	尺寸/mm	重量/kg	起吊设备
1	基础环	$\phi 4658 \times \phi 4200 \times 2400$	15675	50t 汽车吊
2	第一塔筒	$\phi 4200 \times \phi 4200 \times 16775$	53604	260t 汽车吊＋50t 汽车吊
3	第二塔筒	$\phi 4200 \times \phi 3797 \times 21890$	46594	260t 汽车吊＋50t 汽车吊
4	第三塔筒	$\phi 3797 \times \phi 3392 \times 21855$	34139	500t 履带吊＋50t 汽车吊
5	第四塔筒	$\phi 3392 \times \phi 3000 \times 21310$	26242	500t 履带吊＋50t 汽车吊
6	机舱总装（包括发电机）	$10317 \times 3970 \times 3548$	87000	500t 履带吊＋50t 汽车吊
7	叶轮系统		63700	500t 履带吊＋50t 汽车吊

3 设备卸车

风电场设备卸车主要是指塔筒、机舱总装和叶轮系统等大件设备的卸车。机舱是风机最重要的部件，也是最重的设备。根据设备的技术参数以及现场机械的实际情况，采用单机卸车和双机卸车两种方式。最重塔筒重量 53.6t，机舱总成重量 87.0t，叶片长度 58.8m。塔筒、叶片采用双机（两台 50t 汽车吊）卸车，机舱及其他采用单机 260t 汽车吊卸车。塔筒和机舱用专用的吊装工具卸车，叶片等则用吊带、卸扣等工具进行卸车。

4 风机设备吊装

风机设备吊装主要指塔筒、机舱、叶轮等大件设备吊装，其中最重要的环节是吊装机舱和叶轮。机舱总装最重，叶片的受风面积最大，因此对风速要求严格，一般要求风速不大于 8m/s。为了考虑叶片吊装的方便和容易操作，机舱总装吊装时吊机的位置既要考虑满足机舱的要求，也要满足叶轮的吊装要求。一般要求主力吊机吊臂正对机舱的法兰（连接轮毂的法兰），这样对叶轮吊装就位方便得多，不需要移动吊机来调整位置，也不需要进行偏航来调整机舱的位置，而是吊机一次到位。风机组合及吊装顺序见图 1。

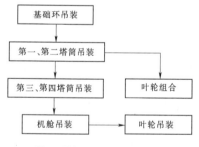

图 1 风机组合及吊装顺序图

4.1 塔筒吊装

第一、第二塔筒采用 260t 汽车吊和 50t 汽车吊联合吊装，第三、第四塔筒采用 500t 履带吊和 50t 汽车吊联合吊装。吊装时，每节连接螺栓力矩达到厂家安装资料上技术要求才能松下吊机，进行下一步吊装工作。塔筒对接时，由起重指挥站在地面通过对讲机与塔筒平台上人员联系，并指挥吊机动作；当机舱到达塔筒上方和叶轮与机舱对接时，吊装作业指挥权由地面起重指挥移交给塔筒平台上起重指挥，由其通过对讲机指挥吊机动作。

4.1.1 工具、物料准备及硅酮耐候密封胶涂抹

将第一塔筒与基础环连接用的螺栓、螺母、垫圈放进基础环内，将螺母和垫圈排开；准备好安装塔筒所用的工具和硅酮耐候密封胶；清理基础环法兰上的混凝土渣及垃圾灰尘，在基础环法兰面上离外边缘 10mm 处均匀涂上一圈硅酮耐候密封胶。

4.1.2 塔筒吊具安装

在第一塔筒下法兰面 12 点钟位置安装塔筒辅助吊板，塔筒上法兰面 3 点钟和 9 点钟位置安装塔筒吊座。将 1 根 6m 钢丝绳通过卸扣连接到塔筒辅助吊板上，将两根 10m 钢丝绳分别通过卸扣连接到塔筒吊座上；将第一塔筒与第二塔筒连接螺栓、安装工具、灭火器、母线排连接器等放到第一塔筒上平台，固定好，防止掉落。

4.1.3 塔筒起吊及安装

（1）将两根 10m 钢丝绳与 260t 汽车吊吊钩连接，一根 6m 钢丝绳与 50t 汽车吊吊钩连接。

（2）两台吊机同时缓慢起吊（图 2），当塔筒下法兰离地面约 1m 时，迅速清理塔筒下方的灰尘杂质，并对磨损表面处进行补漆。

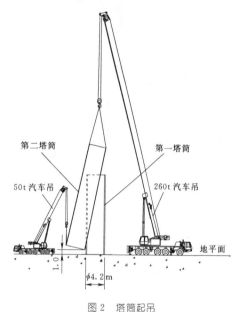

图 2 塔筒起吊

（3）清理完后，主吊机（260t 汽车吊）继续提升，辅吊机（50t 汽车吊）根据主吊机吊钩上升速度缓慢提升塔筒底端，致使塔筒垂直于地面。

（4）当塔筒处于垂直位置后，拆除塔筒底部吊具，并在塔筒下法兰安装两根风绳，用来调整塔筒下落时的方向。

（5）当塔筒底部离塔基柜上方 300mm 左右时，用风绳控制塔筒对好位置（塔筒门）并引导塔筒缓慢下降，下降到距基础环上法兰一定位置后拆下风绳。

4.1.4 对孔联结预紧螺栓

（1）塔筒缓慢落下，直到基础环与塔筒的法兰面接触时停止下落，套入垫圈，拧上螺母。

（2）用电动冲击扳手或液压力矩扳手十字交叉对称初步拧紧所有螺栓，拧紧之后移除起重吊机和吊具。

（3）用液压扳手以规定力矩值的一半按十字交叉对

称紧固所有螺栓，然后检查塔筒法兰内侧的间隙，如果4个螺栓间的法兰间隙超过0.5mm，则要使用填隙片（不锈钢片）填充，用防水记号笔在垫片、螺母、螺栓上划出连续明显的防松标记。

塔筒二、三、四节按上述双机抬方法依次安装，对接时注意对正塔内外直梯。塔架紧固连接后，用连接板连接各段间直梯，并将上、下段间安全保护钢丝绳按规定方法固定。

4.2 机舱吊装

机舱总装（包括发电机）重87.0t，机舱总装采用500t履带吊吊装，见图3。

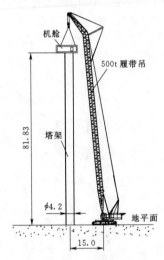

图3 机舱吊装（单位：m）

4.2.1 吊装准备

（1）打开机舱盖，清理机舱内表面油污，清除所有临时暂放物品，固定电力电缆和控制电缆。

（2）将机舱梯子、底部吊装孔盖板、底部运输孔盖板、塔筒防雷装置、主机与叶轮系统的连接螺栓以及安装工具放到机舱内安全位置，固定好随主机一起吊装。

（3）安装工具及机舱与塔筒的连接螺栓必须全部准备好并放置于第四节塔筒顶部平台上待用。

4.2.2 机舱起吊

（1）在机舱前后各安装一根引导绳，在机座四个吊耳上安装吊具，连接吊带将其挂到主吊机吊钩上。

（2）拆卸机舱与运输工装连接螺栓，试吊机舱，确保吊具、吊带安全。

（3）起吊机舱至1.5m高左右，清理机舱底部法兰的杂质锈迹。

（4）清理完成后，缓缓提升机舱。

4.2.3 机舱与第四节塔筒的连接安装

（1）将机舱提升超过第四节塔筒的上法兰后，缓慢动作至上法兰上方，使二者位置大致对正，缓慢下降机舱至离塔筒上法兰的距离10mm左右时，调整并确认机舱纵轴线偏离当前风向90°的位置，以便于叶轮的安装。

（2）用导向棒对准安装螺纹孔，并拧入螺栓，徐徐下放机舱至间隙为零，但吊绳仍处于受力状态，用72个M36×310螺栓、72个ϕ36垫圈将塔筒与机舱连接。

（3）按对角法分两次拧紧螺栓至规定力矩，先用电动扳手初拧所有螺栓，然后用液压扳手按照对称交叉原则分两次紧固螺栓，第一次为终紧力矩一半，最后按终紧力矩1850N·m拧紧。

（4）拆卸引导绳和吊具，安装偏航刹车，连接液压油管。

4.3 叶轮组合及吊装

叶轮主要包括轮毂系统和叶片，总重63.7t。叶轮的组合采用260t机车吊和50t汽车吊进行，叶轮的整体吊装采用500t履带吊和50t汽车吊联合吊装。叶轮吊装时，要求随时注意风速的变化，上面2个叶片溜绳按技术要求绑扎，配合指挥人员进行松紧调整。叶轮与机舱对接时，需要3根尺寸适当的定位销进行定位，然后再慢慢松钩对接。

4.3.1 叶轮组装

（1）采用58.8m叶片专用吊梁吊装，且叶片与吊带之间垫装有减振棉的玻璃钢护板，以防止叶片损坏或折断。

（2）缓慢、平稳起吊叶片，当叶片根部到达轮毂变桨轴承附近上方时，吊机吊钩缓慢下降，通过引导绳调整叶片方向，使叶片与整流罩叶片出口保证基本同心。

（3）继续让叶片靠近轮毂系统，当叶片根部定位工装螺栓离变桨轴承10mm左右时，通过变桨调试箱使变桨轴承内圈转动（调试箱提前已准备就绪），使叶片过渡法兰零位点与叶片根部上方零位标识对齐，然后将所有螺栓缓慢穿入变桨轴承螺栓孔。

（4）当工装螺栓穿入变桨轴承螺栓孔后，叶片定位完成，开始安装螺母和垫圈。然后进入叶片隔腔，用中空液压扳手交叉对称先按终紧力矩的一半，然后拆松叶片定位工装螺栓，拆的过程使用棘轮扳手加套筒，以及加长杆进行。然后按终紧力矩紧固全部螺栓。

（5）螺栓紧固完成后，用50t汽车吊托住叶片，叶片托点紧挨着叶片起吊时的靠叶尖侧的一根扁平吊带的位置。按照相同方法安装剩下的两个叶片。

4.3.2 叶轮吊装

4.3.2.1 起吊前准备

（1）将两条无接头扁平吊带连接到处于垂直位置且起吊时向上的两个叶片的叶根处，将吊带连接到主吊机吊钩上（图4）。

（2）在剩下的叶片叶尖处（叶片运输后工装处，有向上的箭头）安装吊带并将其连接到辅吊机吊钩上（图

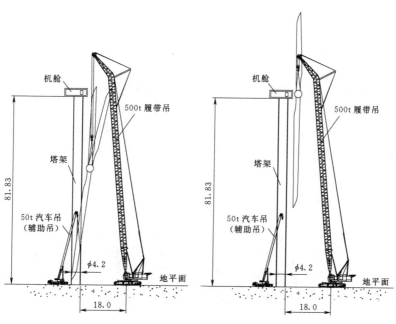

图 4 叶轮吊装（单位：m）

4)。由于辅助吊点位置较高，为方便拆卸吊带，在吊带上系上引导绳，以方便拆除吊带，引导绳的长度大于轮毂高度＋叶片长度＋10m。将引导绳穿过叶尖保护套的安装孔，安装好引导绳，以便在叶轮安装好后可以从地面轻易地将其卸掉。辅吊车吊点选在离叶根 36m 处（叶片上有向上的箭头）。

（3）将主辅吊机起吊拉起直到将吊带拉直绷紧。从轮毂运输支架上卸掉螺栓，叶轮平稳起吊至一人高度时停稳。清理轮毂安装面，在轮毂法兰上安装 3 根引导棒，主吊端一根引导棒，辅吊端两根引导棒，用于快速引导叶轮安装。

4.3.2.2 叶轮起吊和安装

（1）起吊叶轮，主吊机吊钩开始上升，辅吊机根据主吊机节奏，保持叶片底部始终离开地面。同时控制引导绳使叶轮保持稳定，不随风向改变而移动。待叶轮系统完成空中 90°转身时，卸除辅吊机和吊带（图 4）。

（2）起吊叶轮系统至机舱高度后，机舱中的安装人员通过对讲机与吊机保持联系，指挥吊机缓缓平移，当轮毂安装面接近主轴法兰时停止。将液压站卸压，使高速轴刹车松开，边缓慢盘车边配合引导绳，使轮毂安装面和主轴锁定盘上的定位孔对齐，然后将轮毂导向螺栓穿入主轴法兰孔，液压站打压锁紧高速轴。

（3）缓慢移动主吊机直至叶轮系统与主轴完全贴

紧，先拧上 3～5 个 M42 螺钉和 ϕ42mm 垫圈，然后取下导向螺栓，再拧上余下的 M42×270 内六角螺钉、ϕ42mm 垫圈。

（4）将液压站卸压，使主轴转动。先用电动冲击扳手拧紧机座上方及机座下方可以操作的螺钉 M42，然后用液压扳手将所有螺钉拧到规定力矩值 2920N·m。

（5）卸下吊具，移走主吊机，转动叶轮直到叶片指向地面，依次让引导绳和叶尖吊装保护罩从叶片上坠落下来。

（6）叶轮系统吊装完成后，清理叶轮、机舱的杂物。螺栓最终紧固后，用有颜色的记号笔在螺栓、螺母、垫片上画出连续明显的防滑标示线。

5 结语

随着风力发电的快速发展，风力发电机组安装的经验不断丰富，其应用的范围逐渐拓展。为保证吊装工作的工作效率及安全性，应针对吊装设备的规格、现场具体条件及工期要求，对多因素进行技术论证。偃师邙山 30MW 风电项目很好地采用 500t 履带吊和 260t 汽车吊作为主吊机，配合两台 50t 的汽车吊，实现多个工作面交叉作业，使安装速度显著提高，实际应用效果良好，可为类似工程提供借鉴。

降低斜塔塔顶高空钢结构安装施工作业安全风险探究

闫现启/中国水利水电第十一工程局有限公司

【摘　要】本文通过对斜塔塔顶钢构件超高空安装作业平台的固定方式改进，不仅方便了作业平台安装与拆除，同时提高了高空施工作业人员的安全可靠性，从而降低了高空施工作业风险。

【关键词】施工平台　高空作业　安全风险控制

1　项目概况

郑州市中牟绿博园区人文路跨贾鲁河大桥，桥梁全长526m，其中主桥长190m，全宽55m。主桥为双塔双索面无背索斜拉桥，全桥总共布置18根斜拉索。

主塔为预应力混凝土斜塔，桥面至塔顶高度约71.6m，其中桥面以上混凝土高60m，倾斜60°，顶部为钢构件，顶部钢结构高度11.6m。单个钢构件重量约106.3t，两个钢构件重量约为212.6t。钢板材料为Q345qD，钢结构件垂直高度为11.571m，水平宽度为11.486m，水平厚度为4m。构件中心倾斜60°。桥面高程为89.34m，塔顶高程为160.94m。

2　钢构件特点

钢构件外型为异型结构，面板采用正交异型板结构，面板块间采用对接熔透焊，节段间面板工地对接采用熔透焊。面板板厚20mm，面板纵肋采用I型肋，I型肋间距为569mm和500mm，内部横隔板间距为1757m，实体式横隔板及框架式横隔板间隔布置，隔板厚度均为16mm。塔头钢结构立面示意图见图1。

3　塔顶钢构件安装风险

塔顶钢结构件在超高空安装时，为了减少高空作业风险：应为施工作业人员提供安全可靠的空中作业环境；应严格做好高空作业环境中临边防护措施；应尽量缩短高空施工作业时间，减少高空吊装作业次数。

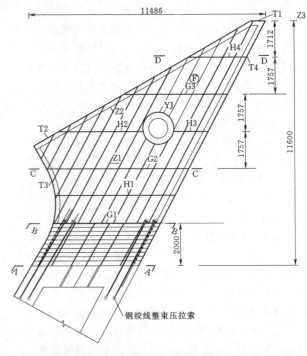

图1　塔头钢结构立面示意图（单位：mm）

3.1　作业时间控制

根据施工现场现有的主塔施工使用的塔式起重机的起吊性能，塔顶钢构件如果利用塔式起重机进行吊装，钢构件至少需要划分成6个吊装单元进行吊装，钢构件会有5个拼装缝需要在高空进行拼装、焊接、涂装施工。施工作业人员在高空作业时间比较长，高空作业风险存在的时间就比较长。要减少高空作业时间长带来的风险，就需要在起重机起重性能的安全起吊范围内，增大吊装块体，减少吊装次数，可以减少在空中拼装节段的数量，有效减少施工作业人员在高空施工作业的高空滞留时间，从时间上适当降低高空作业风险。根据现场施工条件，选用 650t 大型履带式起重机进行起重吊装，将塔顶钢构件分为 3 个起重吊装节段进行吊装。钢构件在高空仅有 2 个拼装缝需要进行拼装施工，从而缩短了高空作业时间。降低了作业时间长造成的风险。

3.2　作业环境控制

因为塔顶钢构件安装施工人员需要在钢构件外侧的高空进行施工作业，所以需要安全可靠的作业平台，该作业平台底面用型钢和花纹钢板制作，由于底面采用了花纹钢板，花纹钢板不仅防滑而且也不透明，可使在平台上作业的施工人员避免悬空的感觉；平台外侧边缘采用钢管焊接栏杆和钢网片一起构成安全防护，形成了可靠的临边防护。保证了施工人员在高空作业时的安全。

4　高空作业平台的设计、安装与拆除

4.1　高空作业平台的设计

塔顶钢结构施工是超高空作业，除了搭设作业平台、安全防护栏杆外还需要在栏杆上设置安全网。结合施工的工序和特点，需要在钢结构外侧一周分别搭设钢平台，钢平台设置在相邻两个节段焊缝靠近下方的构件上，供作业人员进行拼装、焊接、无损检测、防腐等作业。由于钢结构制造分为三个节段，现场安装有两个接

口所以共需要二层钢作业平台。作业平台的布置位置见图 2。

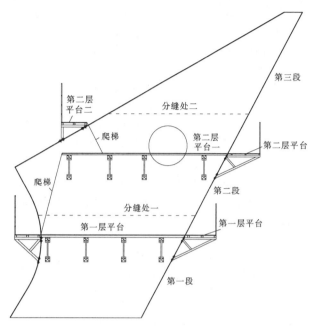

图 2　作业平台布置位置图

钢作业平台下部的水平支撑与斜支撑采用 [12 号槽钢焊接组成，水平支撑顶面内侧、中间和外侧分别焊接一根 120mm×120mm 方钢，在 120mm×120mm 方钢上铺设花纹钢板，在作业平台的外侧边缘焊接 ϕ38 的钢管防护栏杆，平台外围的栏杆空档内增设钢网片作为安全防护网，作业平台的横支撑、斜支撑与钢结构之间采用螺栓连接成一体。钢作业平台结构见图 3。

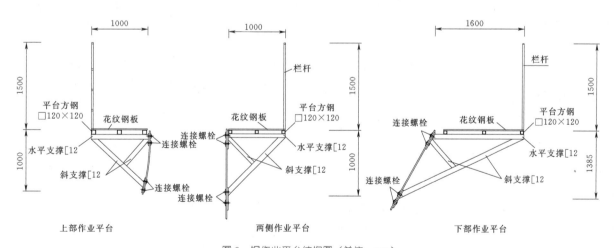

图 3　钢作业平台结构图（单位：mm）

4.2　高空作业平台受力安全性计算

高空作业平台计算按最宽下部平台的宽度 1.6m 的钢平台进行计算，平台支承材料为 [12 号槽钢，横支撑长度 1.6m，斜支撑长度 2.4m，平台采用 M24 螺栓与塔顶钢构件进行连接固定。作业平台受力按 1m 长度内的载荷进行计算，在平台 1m 范围按 1 名作业人员，作业人员体重按 $F_a=90$kg，施工机具按 $F_b=20$kg，作业平台护栏高度为 1.5m，在长度 1m 的范围的面积为 1.5m×1m＝1.5m²，护栏挡风面积按 50％计算，风载按 50 年的标

准，郑州市风载系数为 $0.45kN/m^2$，作业平台的护栏在 1m 范围承受的风载荷 $F_c=0.45kN/m^2 \times 1.5m^2 \times 0.5 = 0.33kN=33kg$，作业平台在 1m 范围内的承受的力 $F=F_a+F_b+F_c=90+20+33=143(kg)$，计算时单个支承承受重量按 250kg（约 1.75 倍）进行计算，作业平台 1m 范围内自重为 175kg。

相关材料参数：[12 号槽钢截面特性 $I_x=346cm^4$，$W_x=57.7cm^3$，$I_y=37.4cm^4$，$W_y=10.2cm^3$，$G=12.059kg/m$，$S=15.362cm^2$。材质 Q235：许用弯曲应力 $[\sigma]=158MPa$；许用剪切应力 $[\tau]=98MPa$；许用挤压应力 $[\sigma]_p=235MPa$；$E=200GPa$。

4.2.1 （斜支撑）抗压强度、稳定性

（1）（斜支撑）抗压强度计算。作业平台斜支撑受力示意图见图 4。

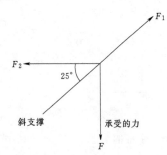

图 4　作业平台斜支撑受力示意图

Q235 屈服极限为 235MPa，槽钢的截面积为 $15.362cm^2$。

由拉伸/压缩强度计算公式可知：$\sigma_{max}=F_n/S \leqslant [\sigma]_p$

允许压力 $F_n \leqslant [\sigma]_p \times S=235 \times 10^6 \times 15.362 \times 10^{-4}=3.61007 \times 10^5 N=361.007(kN)$

$$F=mg=(250+175) \times 9.8=4165N=4.165(kN)$$

实际压力 $F_1=F/\sin25°=4.165kN/\sin25°=9.855(kN)$

（2）（斜支撑）槽钢拉杆稳定性计算：

$$P_{ij}=\pi^2 \times EI/(ul)^2=\pi^2 \times 200 \times 10^6 \times 37.4 \times 10^{-8}/(2 \times 2.4)^2=32.009(kN)$$

$F_1<Fn$，$F<P_{ij}$，所以 [12 号槽钢（斜支撑）满足强度要求。

4.2.2 （横支撑）抗弯曲强度计算

Q235 许用弯曲强度为 158MPa，查表知 12 号槽钢横截面对 Y 轴的抗弯矩截面系数为 $10.2cm^3$，弯曲强度计算公式 $\sigma_{max}=\dfrac{M_{max}}{W_Y} \leqslant [\sigma]$，可解得

$$M_{max} \leqslant [\sigma] \times W_Y=158 \times 10^6 \times 10.2 \times 10^{-6}=1611.6(N \cdot m)$$

$$M=ql^2/8=F \times 1.6^2/8=8.932 \times 1.6^2/8=1332.8(N \cdot m)$$

（横支撑）槽钢拉杆稳定性：

$$F_2=mg/\tan25°=(250+175) \times 9.8/0.4663=8932.02N=8.932(kN)$$

$$P_{ij}=\pi^2 \times EI/(ul)^2=\pi^2 \times 200 \times 10^6 \times 37.4 \times 10^{-8}/(2 \times 1.6)^2=72.021(kN)$$

$M<M_{max}$，$F_2<P_{ij}$，所以 [12 槽钢（横支撑）满足强度要求。

4.2.3 螺栓 M24 计算

螺栓 M24 有效直径为 $d=21.9mm$，M24 的有效横截面积 A 为 $352.5mm^2$。

4.2.3.1 抗拉验算

单个螺栓的受拉承载力设计值按下式计算：

$$N_t^b=\psi A_e f_t^b$$

式中　N_t^b——螺栓拉力设计值；

$\quad\quad \psi$——螺栓直径对承载力的影响系数，当螺栓直径小于 30mm 时，取 1.0，当螺栓直径大于 30mm 时，取 0.93；

$\quad\quad A_e$——M24 螺栓有效面积为 $352.5mm^2$，螺栓有效直径为 21.19mm；

$\quad\quad f_t^b$——抗拉强度设计值，按 0.8 倍屈服值取 480MPa。

单个螺栓受拉承载力设计值：

$$N_t^b=\psi A_e f_t^b=1.0 \times 352.5 \times 480=169.2(kN)$$

$F_2=9.8556kN<N_t^b=169.2kN$，所以 M24 螺栓满足要求。

4.2.3.2 抗剪验算

查规范可知，6.8 级承压型螺栓抗剪承载力设计强度 $f_v^b=140MPa$，螺栓承压连接板为 16mm 厚钢板，钢材为 Q235 钢，承压强度设计值 $f_c^b=235MPa$，则单个螺栓承载力设计值取下列（1）（2）（3）三式中最小值：

（1）单个螺栓的剪力设计值：

$$N_{v1}^b=A_e \times f_v^b=352.5 \times 140=49.35(kN)$$

（2）连接板的承压强度设计值：

$$N_c^b=d \times t \times f_c^b=21.2 \times 16 \times 235=79.712(kN)$$

（3）单个螺栓的剪力设计值：

$$P=0.675f_y \times A_e=0.675 \times 860 \times 352.5=204.63(kN)$$

$$N_{v2}^b=1.3 \times 0.9 \times u \times P=1.3 \times 0.9 \times 0.3 \times 204.63=71.83(kN)$$

（4）单个螺栓理论剪力设计值：

$$N_{v3}^b=1.3 \times 0.9\mu P=1.3 \times 0.9 \times 0.3 \times 681=239(kN)$$

式中　N_v^b——承压型高强螺栓剪力设计值；

$\quad\quad N_c^b$——连接钢板承压强度设计值；

$\quad\quad t$——连接钢板厚度；

$\quad\quad P$——摩擦型高强螺栓预拉力值。

（5）单个螺栓设计最大抗剪承载力：

$$N_v^b=49.35(kN)>F=4.165(kN)$$

所以 M24 螺栓满足要求。

4.3 作业平台的安装与拆除

（1）作业钢平台的安装。该作业平台设计时，考虑尽量减少施工作业人员在高空的工作量和高空作业难度；作业平台在地面制作完成，钢构件吊装之前在地面将作业平台安装在钢构件的块体上，随钢构件一起吊装，在高空施工作业时直接使用，给在高空作业的施工人员直接提供施工空间，减少在高空组装施工作业平台的危险性。

（2）作业钢平台的拆除。由于设计时该作业钢平台与钢构件之间是采用螺栓进行连接固定，在作业平台与钢构件上安装时，让连接的螺栓从作业平台的外侧穿向钢构件内侧，在钢构件内部将作业平台与钢构件紧固；拆除时首先将钢构件外部的作业平台吊在现场的起重机上，让起重机微微垂直受力，作业人员撤离平台，施工作业人员进入钢构件内部，从钢构件的箱体内将作业平台与钢构件的连接螺栓的全部螺母卸掉，并缓慢将螺栓退出，作业平台与钢构件脱离后，起重机将作业平台直接吊至地面，完成作业平台拆除。该拆除方法的施工作业人员在钢构件箱体内，处在一个安全的作业空间内，完全避免了施工作业人员在外部拆除平台时的风险。从而让超高空作业钢平台的拆除作业风险降到了最低。

5 结语

在高空钢结构安装施工中，高空施工作业平台与钢构件的固定方式，由通常的焊接固定改为螺栓连接，不仅方便了作业平台的固定与拆除，还减少了在拆除作业平台后对固定作业平台部位的打磨、防腐、涂装，同时还可以在一定程度上降低施工作业人员在高空施工的作业风险，保障施工人员作业安全。特别对于倾斜安装构件下部的施工平台安装与拆除提供方便，可为同类超高空施工提供借鉴。

本栏目审稿人：张林

云浮市主要中型水库营养化状态与浮游植物特征分析

黄 丽/广东省水文局肇庆分局

【摘 要】 近年来，云浮经济高速发展，工业用水量、农业用水量等出现了大幅度增加的趋势，导致了对水体的破坏，使得个别水库趋于富营养化状态。本文主要分析云浮市9座主要的中型水库浮游植物特征和造成富营养化的成因，提出了合理的解决对策。希望能为云浮市主要中型水库富营养化和水华的预防及水质管理提供科学依据。

【关键词】 云浮市水库 中型水库 浮游植物 富营养化状态 水库植物分析

1 云浮市主要中型水库营养化及浮游植物污染现状

水体富营养化是比较严重的水体污染过程，在这个过程中，人类的活动占主导地位，水体中会有大量的氮、磷等进入，使得一些藻类等浮游生物大量出现，水体中的溶解氧量持续降低，水质变坏，鱼类也会大量死亡。浮游植物在水体中繁殖过快，水体的感官就会出现恶化，对饮用水造成严重的影响。近年来，云浮市随着经济的高速发展、城市化程度和人民生活水平的提高，工业用水量、农业用水等出现了大幅度增加的趋势，对水环境的破坏越来越严重，导致了个别水库出现趋于富营养化状态。中型水库的总库容在 1000 万 m³ 以上，云浮市主要的中型水库有 12 座，分别是共成水库、合河水库、朝阳水库、向阳水库、金银河水库、云霄水库、东风水库、北峰山水库和大河水库等。这些水库是云浮市重要水源地和后备水源地，本文选择了具有代表性的9 座水库（表1）。其中向阳水库、云霄水库、大河水库位于郁南县，合河水库、共成水库、北峰山水库位于新兴县，朝阳水库、东风水库位于云安区，金银河水库位于罗定市。

本文将云浮市9座主要中型水库作为分析对象，于2017 年四个季度进行采样，对水库的富营养化状态进行评价，分析水库浮游植物特征和造成富营养化的成因，将为云浮市主要中型水库防治提供有益的、科学的借鉴和指导。

表1 云浮市 9 座水库的特征参数和用途

水库名称	所在行政区	最大库容/万 km³	集雨面积/km²	建库年份	主要功能
向阳水库	郁南县	9750	196	1969	饮用、农用
合河水库	新兴县	9470	139	1995	饮用、农用
共成水库	新兴县	5082	78	1967	饮用、农用
金银河水库	罗定县	3410	18	1970	饮用、农用
朝阳水库	云安县	2376	45	1981	饮用、农用
云霄水库	郁南县	2245	69	1971	饮用、农用
东风水库	云安县	1420	34	1976	饮用、农用
大河水库	郁南县	1180	27	1997	饮用、农用
北峰山水库	新兴县	1090	245	1997	饮用、农用

2 云浮市主要中型水库营养化状态及浮游植物特征调查设计

2.1 样品采集与分析

2.1.1 采样点位置与采样频率

按照《水环境监测规范》（SL 219—2013）的规定，

于 2017 年每个季度一次分别对云浮市 9 座中型水库进行定点采样，采样点在各水库的库中。

2.1.2 水质分析

现场测定水体表层温度（T），萨氏盘测定透明度（SD）；水化指标总磷（TP）、总氮（TN）、COD_{Mn}；叶绿素 a（$Chla$）用 $0.45\mu m$ 的纤维滤膜抽滤，反复冻融-浸提，运用丙酮萃取方法进行测定。

2.1.3 藻类分析

浮游植物定量样品在距表层 0.5m 处取 1L 水样，用 15mL 甲醛溶液固定。浮游植物定性样品用 25 号浮游生物网（$64\mu m$）于垂直方向和水平方向进行拖网，按照 1000∶15 的体积加入甲醛溶液固定。浮游植物定性、定量样品均在显微镜（OLYMPUS BX51）下进行鉴定和计数。浮游植物种类鉴定主要参照《中国淡水藻类——系统、分类及生态》。

2.2 评价方法

营养状态指数（TLI）法：使用 Carlson 方法评价，采用 0～100 的连续数字对水库营养状态分级，$TLI<30$ 为贫营养，30～50 为中营养，50～60 为轻度富营养，60～70 为中度富营养，重度富营养出现时 $TLI>70$。

$$TLI(\Sigma) = \sum_{j=1}^{m} w_j \cdot TLI(j)$$

式中 $TLI(\Sigma)$——综合营养状态指数；

       $TLI(j)$——第 j 种参数的营养状态指数；

       w_j——第 j 种参数的营养状态指数的相关权重。

营养状态指数计算式：

(1) $TLI(Chla) = 10(2.5 + 1.086\ln Chla)$

(2) $TLI(TP) = 10(9.436 + 1.624\ln TP)$

(3) $TLI(TN) = 10(5.453 + 1.694\ln TN)$

(4) $TLI(SD) = 10(5.118 - 1.94\ln SD)$

(5) $TLI(COD_{Mn}) = 10(0.109 + 2.661\ln COD_{Mn})$

式中 SD——湖水透明度值，m；

       $Chla$——湖水中叶绿素 a 含量，mg/m^3；

       TP——湖水中总磷浓度，mg/L；

       COD_{Mn}——高锰酸盐指数浓度，mg/L。

3 云浮市主要中型水库营养化状态及浮游植物特征调查结果分析

3.1 水库的营养状态分析

由图 1 可以看出，9 座水库的营养指数评分均大于 40，营养状态均属于中营养化，主要受总氮影响。其中云霄水库、东风水库和大河水库营养指数有上升的趋势，在第四季度有所下降，合河水库、朝阳水库和向阳水库营养状态趋于平稳，北峰山水库营养状态则呈下降趋势。

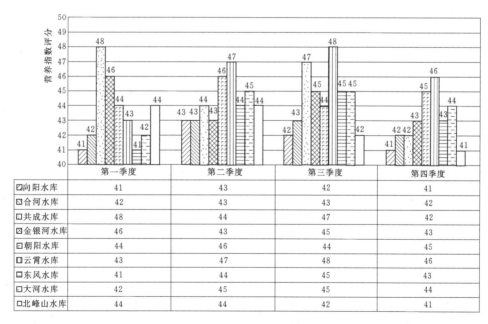

	第一季度	第二季度	第三季度	第四季度
向阳水库	41	43	42	41
合河水库	42	43	43	42
共成水库	48	44	47	42
金银河水库	46	43	45	43
朝阳水库	44	46	44	45
云霄水库	43	47	48	46
东风水库	41	44	45	43
大河水库	42	45	45	44
北峰山水库	44	44	42	41

图 1   九座水库营养指数评分图

3.2 水库的浮游植物的分布特征分析

9 个水库共检出浮游植物 42 种，以绿藻门为主，有 17 种；其次蓝藻门 9 种、硅藻门 9 种、甲藻门 13 种、

裸藻门 1 种、甲藻门 2 种。水库所在位置均位于亚热带地区，年均水温较高，浮游植物主要以硅、绿藻为主，绿藻在种类上占优势，硅藻则在丰度占的比例较大。丰水期硅藻在种类和数量上要比枯水期多；但绿藻、蓝

藻、裸藻、甲藻等种类在枯水期要比丰水期多。本文调查的9个水库中，常见属有：鼓藻属（Cosmarium）、栅藻属（Scenedesmus）、直链藻属（Melosira）、小环藻属（Cyclotella）、蓝纤维藻属（Dactylococcpsis）、微囊藻属（Microcystis）。

3.3 污染成因调查分析

3.3.1 气候环境

云浮市境内位于北回归线南侧，属南亚热带季风气候，云浮市主要气候特点是开汛早、汛期长、气温高、降水多。全市平均气温 22.4℃，比历年均值偏高 0.5℃。云城区及云安区平均气温 22.2℃，比历年均值偏高 0.5℃。罗定市平均气温 22.8℃，比历年均值偏低 0.4℃。新兴县平均气温 22.4℃，比历年均值偏高 0.6℃。郁南县平均气温 22.0℃，比历年均值偏高 0.2℃。这种气候环境比较适合藻类植物繁殖生息。

3.3.2 缺少有效的水体置换

对于水库水体置换来说，如果人工置换会浪费巨大的财力、物力和人力，置换过程也会非常麻烦而且不易完成，因此，净化水体的水质主要靠洪水来完成。需要将大量洪水引入到被污染的水库中，将原有的水体放出使得污染降低甚至消除。水文和气象部门的数据显示，近几十年来，云浮市没有发生洪水暴发的情况，因此，水体得不到有效的置换。

3.3.3 污染物沉积过多

由于人为因素和化工企业、养殖企业的干扰，产生的污水和有毒废水进入水库，势必会出现蓄积的现象，氮、磷的进入更会导致水体富营养状态出现变坏的趋势，食植物性原生动物、浮游动物及鱼苗等减少，其残体在重力的作用下会发生下沉到底泥中，使得污染物不断积累，继而出现循环，水体的水质更加恶化。

4 水库营养化状态及浮游植物污染的解决对策

4.1 控制外源营养物质流入

通常水质营养化有很大部分原因是由于外源流入的营养物质在水中堆积所致。因此，控制好外源流入的营养养殖，能够切断水体不断堆积营养物质的可能性。具体需要采取以下措施来进行外源营养物质的控制：

（1）强化点源治理及控制，需要稳抓重点污染源，解决其中存在的主要矛盾。要求工业污染排放废水必须符合国家规定标准，大力鼓励清洁生产，严格控制好排污总量，做好对排污行为的监督管理，并分门别类采取专门工艺加以处理。

（2）针对面源污染实施严格控制，首先需要控制农肥施用情况，控制施用标准，避免肥料流失，因此有必要推广相应的平衡施肥技术，可施用减轻农药及化肥残留的酵素菌肥。

（3）做好水库水土保持，需要制定切实可行的绿化规划举措，可采用植树种草结合的形式，严禁乱砍滥伐，适当退耕还林，控制水土流失等。

4.2 减少内源营养物质负荷

具体需要结合不同污染情况来采用不同方式：

（1）化学方式，通常采用凝聚沉降及化学药剂杀藻的方式。比如像正磷酸盐类的溶解性营养物质，可添加化学物质使其沉淀沉降。而杀藻处理，则同样需要投放适当化学品，主要避免藻类腐烂分解释放磷。化学方式效果虽好，但成本高，且可能造成二次污染，因此必须谨慎使用。

（2）生物方式，通常是借助水生生物吸收氮磷元素来实现去除水中氮磷营养物质的方式。多数地区通过采用食植物性原生动物、浮游动物及鱼苗等方式来减少和降低浮游植物的生长量，均取得了明显效果。生物方式效果不像其他方式那样明显，但确是解决内源营养物符合的最有效措施，值得推广应用。

（3）工程性方式，通常是采取一些底泥疏浚、水体深层曝气、注水冲稀等工程举措。目前使用最多且最有效的方式主要是底泥疏浚，但这种方式成本相对较高，可整体而言效果良好。

4.3 大力提倡生态防治与生态保护工程建设

在生态防治方面，更多是采取生物操纵的方式来实现防治效果，比如不同鱼类对藻类的摄食，可放养鱼类实现生态防治。而一些水生植物也和藻类在营养摄取方面存在竞争关系，比如莲藕、菖蒲、紫菜等，这些都可有效抑制浮游植物生长，能够有效改进水质，预防水质营养化。而生态保护工程，则建议再在水库区域的水陆交接地带种植水生植物、沿坡种植草皮护坡、库堤及堤外种植高矮交错的经济林木，由此能够形成一套完善的生态保护体系。这些都对改善水质有着重要作用。

5 结论

综上所述，云浮市9座中型水库水质富营养化明显，经检测得出以下结论：一是九座水库营养指数评分均大于40，营养状态均属于中营养化；二是导致水库营养化主要是由于受气候环境、缺少有效的水体置换、污染物沉积过多等因素所致；三是水质营养化直接促使浮游植物的生长，目前共检出浮游植物56种，其中绿藻门种类最多，主要以适应高温的蓝、绿藻为主，绿藻在种类上占绝对优势。

参考文献

［1］ 彭亮，胡韧，雷腊梅，等. 水库蓝藻水华监测与管理 ［M］. 北京：中国环境科学出版社，2011.

［2］ 刘建康. 高级水生生物学 ［M］. 北京：科学出版社，1999.

［3］ Zineb Tabbakh，Mohammed Seaid，Rachid Ellaia，Driss Ouazar，Fayssal Benkhaldoun. A local radial basis function projection method for incompressible flows in water eutrophication ［J］. Engineering Analysis with Boundary Elements，2019，106：528－540.

［4］ 徐耀阳. 浅述湖泊生态系统营养状态二维坐标评价方法 ［J］. 安徽农学通报（上半月刊），2011（17）.

［5］ 林秋奇，胡韧，段舜山. 广东省大中型供水水库营养现状及浮游生物的响应 ［J］. 生态学报，2003，23（6）：1101－1108.

［6］ 韩博平，李铁，林旭钿. 广东省大中型水库富营养化现状与防治对策研究 ［M］. 北京：科学出版社，2003.

［7］ 江启明，侯伟，顾继光，等. 广州市典型中小型水库营养状态与蓝藻种群特征 ［J］. 生态环境学报，2010，19（10）：2461－2467.

［8］ 胡鸿均，魏印心. 中国淡水藻类-系统、分类及生态 ［M］. 北京：科学出版社，2006.

骨料碱活性试验分析及抑制效果

李　杭/中国水利水电第十六工程局有限公司

【摘　要】 碱骨料反应是影响混凝土耐久性的重要因素之一。碱活性骨料在一定条件下会与混凝土中的水泥、外加剂等材料中的碱性物质发生化学反应，导致混凝土结构膨胀、开裂甚至破坏。本文结合闽清水口电站坝下工程和永泰抽水蓄能电站工程实例，简述碱骨料反应机理、试验方法以及采用品质不同的粉煤灰对骨料碱活性的抑制效果。

【关键词】 骨料碱活性　碱骨料反应　反应机理　试验方法　抑制措施

1 引言

碱骨料反应是混凝土中的碱与骨料中的碱活性组分在特定条件下发生化学反应，吸水膨胀并导致混凝土开裂破坏，混凝土中的碱一般由水泥、掺合料、外加剂带入和外界环境侵入的。发生碱骨料反应需要具备三个必需条件：混凝土中碱的存在、骨料中存在碱活性物质和水分环境。碱骨料反应分为碱硅酸反应和碱碳酸盐反应。

碱骨料反应是影响混凝土耐久性的重要因素之一。选择无碱活性骨料是预防混凝土碱骨料反应的关键。但若无其他料源可选，则应分清骨料碱活性类型，若是碱-碳酸活性，则该料源应坚决摒弃；若是碱硅酸活性，则应采取措施加以抑制，合格后方可用于混凝土。

2 碱骨料反应及抑制机理

2.1 碱骨料反应机理

碱骨料反应分为碱硅酸反应和碱碳酸盐反应。碱硅酸反应是混凝土中的碱和骨料含有的活性二氧化硅矿物发生的化学反应吸水膨胀，并在混凝土内部产生较大的膨胀压和渗透压，导致混凝土开裂破坏。其反应式为

$$Na^+(K^+)+SiO_2+OH^- \longrightarrow Na(K)—Si—H(凝胶)$$

碱碳酸盐反应是指混凝土中的碱与骨料中的某些碳酸盐矿物发生化学反应。吸水膨胀导致混凝土破坏。碱碳酸盐反应产生的膨胀裂纹特征与碱硅酸反应基本一致，普遍呈现花纹形或地图形，但是在混凝土内部以及骨料反应边界等处不存在凝胶，而是碳酸钙和氢氧化

钙。其反应式为

(1) $CaMg(CO_3)_2+2ROH \Longrightarrow Mg(OH)_2+CaCO_3+R_2CO_3$

(2) $R_2CO_3+Ca(OH)_2 \Longrightarrow 2ROH+CaCO_3$

2.2 碱骨料反应抑制机理

(1) 粉煤灰溶出碱含量相对较少，部分替代水泥后将会稀释混凝土中的碱含量。

(2) 粉煤灰通过填充效应以及二次水化作用等能够显著改善混凝土内部孔结构分布形态，提高混凝土密实性及抗渗性，从而降低空隙溶液中离子的迁移速度率，降低碱含量离子与活性骨料接触概率，延缓碱骨料反应发生。

(3) 粉煤灰通过火山灰反应生成大量水化硅酸钙凝胶，这类凝胶具有较低的钙硅比以及较强的碱吸附能力，因而能够有效降低孔隙溶液中碱金属离子浓度，抑制碱骨料反应发生。

3 骨料碱活性试验方法及评定标准

目前在《水工混凝土砂石骨料试验规程》（DL/T 5151—2014）中有5种试验方法，分别为岩相法、砂浆棒长度法、岩石圆柱体法、混凝土棱柱体试验法、砂浆棒快速法。

(1) 岩相法是基于光性矿物学原理，该方法能够快速的直接判断骨料中是否含有碱活性物质成分，但这个方法只能定性地给出结论，不能进行定量分析确定含有碱活性骨料在混凝土中引起破坏的程度。

(2) 砂浆棒长度法适用于活性较高、反应较快的骨料的碱活性判断，但对于反应较慢的活性骨料或活性较

低的骨料，该方法往往误导造成错判。

（3）岩石圆柱体法适用于判定碳酸盐类骨料发生的碱-碳酸盐反应的危害性，不适用于硅质类的骨料。

（4）混凝土棱柱体试验法适用于碱-硅酸反应和碱-碳酸反应，该试验方法可采用粗骨料，更接近于实际的混凝土，但采用的水泥细度、养护环境以及混凝土配合比对于膨胀的检验结果有较大影响，且该方法试验周期较长。

（5）砂浆棒快速法测定被认为是最精确、可靠的检验方法，适宜骨料筛选的判断依据，且该方法工作量小、操作简便、试验周期短，因此国内碱骨料反应试验多采用砂浆棒快速法。

化学法仅适用于硅酸类骨料，其最大的缺点是除二氧化硅外的物质对测试结果有很大的影响，且其影响因素较多，在《水工混凝土砂石骨料试验规程》（DL/T 5151—2014）中，已不推荐使用该方法。

当采用砂浆棒快速法进行检验时，砂浆棒试件14d的膨胀率小于0.1％，则判断骨料为非活性骨料；当砂浆棒试件14d的膨胀率在0.1％～0.2％时，该骨料存在可疑性碱活性反应，对于这种骨料应该结合工程现场记录情况，将试件观测的时间延至28d后的检测结果来进行综合评定；若砂浆棒试件14d的膨胀率大于0.2％，则

骨料为具有潜在危害性反应的活性骨料，若骨料为碱-硅酸活性，则应采取加入粉煤灰、矿渣等措施加以抑制，若骨料是碱-碳酸活性，则该料源应坚决摒弃。根据《水工混凝土抑制碱-骨料反应技术规程》（DL/T 5298—2013）要求，当采用砂浆棒快速法进行抑制碱骨料反应有效性检验时，若28d龄期试件长度膨胀率小于0.1％时，则抑制效果评定为有效。

应该注意得是，在不同水泥介质中，碱骨料反应及抑制效果也差别较大。

4 工程实例

4.1 闽清水口电站坝下工程

闽清水口电站坝下水位治理与通航改善工程（简称水口坝下工程），采用的卵石和碎石骨料皆存在碱-硅活性（表1），又无料场可供选择，因此在选用该料场时如何对存在的碱活性进行有效的抑制，是本工程的关键。根据福建地区粉煤灰料源较广泛的特点，我们选用大唐益材F类Ⅱ级粉煤灰及福建华能F类Ⅱ级粉煤灰进行抑制效果比较（水泥采用虎球牌P·O 42.5普通硅酸水泥），试验结果见表1。

表1　　　　　不同品种的粉煤灰抑制骨料碱-硅活性效果（砂浆棒快速法）

| 工程名称 | 材 料 名 称 | 碱-硅活性检验膨胀率/％ | | | 粉煤灰种类 |
		7d	14d	28d	
闽清水口坝下工程	卵石	0.07	0.20	0.33	大唐益材F类Ⅱ级粉煤灰
	卵石＋15％粉煤灰	0.01	0.01	0.03	
	卵石＋20％粉煤灰	0.00	0.00	0.01	
	卵石＋25％粉煤灰	0.00	0.00	0.00	
	碎石	0.17	0.30	0.41	
	碎石＋15％粉煤灰	0.01	0.02	0.07	
	碎石＋20％粉煤灰	0.01	0.02	0.02	
	碎石＋25％粉煤灰	0.00	0.00	0.00	
	卵石	0.05	0.19	0.33	福建华能F类Ⅱ级粉煤灰
	卵石＋15％粉煤灰	0.04	0.12	0.22	
	卵石＋25％粉煤灰	0.03	0.09	0.17	
	卵石＋30％粉煤灰	0.01	0.06	0.09	
	卵石＋35％粉煤灰	0.01	0.03	0.06	
	碎石	0.09	0.28	0.39	
	碎石＋20％粉煤灰	0.06	0.18	0.27	
	碎石＋30％粉煤灰	0.04	0.10	0.15	
	碎石＋35％粉煤灰	0.03	0.07	0.09	
	碎石＋40％粉煤灰	0.01	0.04	0.06	

从表 1 可知：水口坝下工程施工使用的活性卵石和碎石分别采用大唐益材 F 类 Ⅱ 级粉煤灰和福建华能 F 类 Ⅱ 级粉煤灰进行抑制试验，掺量 15％的大唐益材 F 类 Ⅱ 级粉煤灰的砂浆 28d 的膨胀率皆小于 0.10％，达到了抑制效果；而采用福建华能 F 类 Ⅱ 级粉煤灰进行抑制，当掺量分别为 30％和 35％时，砂浆 28d 的膨胀率才小于 0.10％，方可达到抑制效果。说明大唐益材 F 类 Ⅱ 级粉煤灰抑制碱骨料反应的效果优于福建华能 F 类 Ⅱ 级粉煤灰。

4.2 福建永泰抽水蓄能电站工程

福建永泰抽水蓄能电站工程（简称永泰抽蓄工程）采用的骨料存在可疑性碱活性反应（表 2）。取用两种水泥进行骨料碱活性试验。分别为金牛福州 P·O 42.5 水泥及金牛三明 P·O 42.5 水泥，采用福建华能 F 类 Ⅱ 级粉煤灰进行抑制，试验结果见表 2。

表 2   不同水泥介质抑制骨料碱-硅活性效果（砂浆棒快速法）

工程名称	材 料 名 称	碱-硅活性检验膨胀率/％			水泥种类
		7d	14d	28d	
永泰抽水蓄能电站工程	人工砂	0.08	0.15	0.28	金牛福州 P·O 42.5 水泥
	人工砂＋10％粉煤灰	0.02	0.04	0.08	
	人工砂＋15％粉煤灰	0.01	0.03	0.05	
	人工砂＋20％粉煤灰	0.00	0.02	0.03	
	人工砂＋25％粉煤灰	0.00	0.01	0.02	
	人工砂＋30％粉煤灰	0.00	0.00	0.01	
	人工砂	0.11	0.18	0.29	金牛三明 P·O 42.5 水泥
	人工砂＋10％粉煤灰	0.05	0.08	0.14	
	人工砂＋15％粉煤灰	0.03	0.06	0.10	
	人工砂＋20％粉煤灰	0.01	0.02	0.04	
	人工砂＋25％粉煤灰	0.00	0.01	0.02	
	人工砂＋30％粉煤灰	0.00	0.01	0.01	

从表 2 可以看出：

（1）永泰抽蓄工程采用的骨料 14d 的膨胀率分别为 0.15％及 0.18％，为可疑性碱活性骨料，必须采用粉煤灰进行碱活性抑制。

（2）永泰抽蓄工程采用金牛三明 P·O 42.5 水泥时，福建华能 F 类 Ⅱ 级粉煤灰掺量为 20％时，方可抑制人工砂碱-硅活性，28d 砂浆膨胀率为 0.04％，小于 0.10％；而采用金牛福州 P·O 42.5 水泥时，福建华能 F 类 Ⅱ 级粉煤灰掺量为 10％时，即可抑制人工砂碱-硅活性，28d 砂浆膨胀率为 0.08％，小于 0.10％。

（3）金牛福州 P·O 42.5 水泥抑制碱-硅活性效果优于金牛三明 P·O 42.5 水泥，与该水泥中粉煤灰及矿渣组分较高有关。

5 结语

通过水口坝下工程及永泰抽蓄工程实例可以看出，粉煤灰的掺入对于抑制骨料碱活性膨胀反应具有明显改善作用，不同粉煤灰品质其抑制效果相差较大，且掺量越大，抑制效果越好。同时水泥品种对抑制效果也有较大的影响。

本栏目审稿人：张正富

软弱地层盾构区间锚管障碍物
处理施工技术

李圣瑞　刘　康/中国电建市政建设集团有限公司

【摘　要】 本文以哈尔滨地铁盾构施工穿越锚管区为背景，研究盾构穿越锚管处理技术。结合现场具体情况，通过地层预加固法、明挖处理法、地面清障法等多种技术方案的对比分析，提出了一种采用旋挖钻机回旋切割清除、砂浆回填加固处理与盾构推进技术相结合的方法。该技术措施的成功运用，规避了风险，可为类似盾构施工提供借鉴和参考。

【关键词】 地铁　盾构　软弱地层　锚管　障碍物处理

1 引言

伴随着国内各大城市轨道交通的迅速发展，盾构法隧道的施工已广泛应用于城市地铁建设中。特别是在建筑物密集区常采用盾构法施工。在地铁盾构施工过程中常会遇到各种各样的地下障碍物，如地下桩基础、管涵、基坑支护锚管、锚杆等，当遇到地下桩基础等地下障碍物时，盾构机切削桩基成功的案例较多。当既有建筑物的基坑采用预应力锚管支护时，工程完毕后这些残留在地下的锚管将成为隧道盾构法施工的障碍，例如，深圳、合肥、武汉、郑州、石家庄、西安等地的地铁隧道建设中均遇到过类似问题，并采取了专项处理措施。

对于建设年代较久，工程档案缺失的建筑物，由于对原基坑支护设计资料了解不够，在其基坑附近进行盾构施工极有可能发生盾构遇到既有锚管导致地面扰动、螺旋机卡死等情况。因此盾构机在掘进过程中遇到锚管的处理方案已成为一个新的课题。本文结合哈尔滨地铁2号线中央大街站—尚志大街站区间左线的锚管处理工程进行深入分析，结合当地的水文地质条件确定施工方法。

2 工程概况

2.1 区间概况

中央大街站—尚志大街站区间为双单洞单线隧道，区间左线线路起自中央大街站大里程端，然后沿经纬街敷设，终至尚志大街站小里程端。本区间隧道左线起讫里程为 SK16 + 988.813 ～ SK17 + 708.800，全长719.987m。本段区间全线敷设于地下，采用盾构法施工，左线为6m外径圆断面隧道。

2.2 工程地下水位和地质情况

区间地质自上而下分布为①杂填土、〈2-1-1〉粉质黏土、〈2-2〉粉砂、〈2-3〉细砂、〈2-3-1〉中砂、〈2-4〉中砂及〈2-4-2〉粉质黏土层。经纬360区域盾构洞身顶部主要为细砂与中砂层，洞身主要为中砂层，洞身底部主要为粉质黏土与中砂层，见图1。

根据本线路所处地貌单元勘探揭示的地层结构，勘探深度内场地地下水可分为上层滞水、孔隙潜水、孔隙承压水。勘察期间通过干钻测得孔隙潜水初见水位埋深2.50～8.20m，地下水静止水位埋深为2.30～7.30m，标高113.34～116.05m。通过地质补勘测得实际水位埋深4.00～4.30m，标高115.21～115.72m。

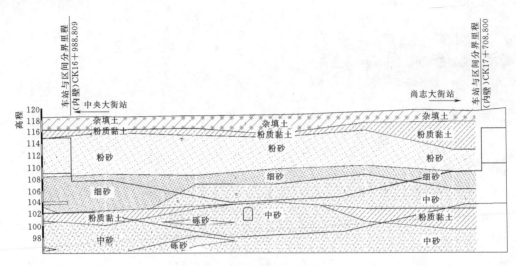

图1　盾构区间地质纵剖面图

3　物探调查过程及结果

3.1　建筑物调查

经调查城建档案馆及建设、设计、施工等建设各方，得知经纬360大厦为30层框架结构，位于经纬街、尚志大街与西十六道街之间三角区域，距离区间左线隧道边线7.49m。地下两层为停车场，负一层顶板高度距负二层底板高度为10.5m。基础为桩基与承台结合形式，靠近经纬街侧承台下桩顶标高为−12.05m。基坑按照1∶0.20进行放坡开挖，采用锚管垂直开挖面与水平方向成15°进行支护，经纬360大厦与区间位置关系见图2。

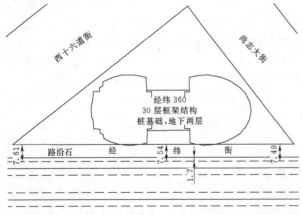

图2　经纬360大厦与区间位置关系图（单位：m）

3.2　雷达探测

由于建筑物开挖基坑围护型式在档案馆未查询到，为了进一步确定地下障碍物，保证盾构施工过程中的安全，对经纬360大厦区域的左线盾构区间进行雷达探测，但受原有的给排水管线、燃气管线和若干弱电管线

影响，接收到的干扰噪声杂波较多，无法探明地下障碍物的具体形式。

3.3　人工挖探

为探明障碍物具体情况，对L10−1号孔（485环，里程SK17＋571.023，距隧道中心6m，隧道顶部埋深12m）进行人工探挖，发现埋深4.5m位置存在直径300mm的水泥浆柱，中间包裹直径75mm，壁厚5.5mm，内弧面带有水泥浆的钢管，自经纬360大厦倾斜15°向下横穿经纬街。初步判断该障碍物为经纬360大厦围护结构锚管。

3.4　地质钻机钻探

为探明锚管的具体布置形式，采用地质钻机对该区域进行钻探，在对中间区域进行地质钻探过程中，共计钻探22个孔位，其中发现7处存在锚管，锚管照片见图3。

图3　6号孔地质钻机钻探锚管照片

3.5　旋挖钻机钻探

为确保工程顺利实施，对侵入左线隧道范围的地下障碍物再次采用旋挖钻机进行进一步探明。共计钻探8个孔位，均发现存在锚管。

3.6 物探成果分析

经人工挖探、雷达探测、地质钻机与旋挖钻机钻探等多种方式进行物探，确定经纬360大厦存在大量锚管侵入左线隧道范围，物探情况详见表1。

对调查走访情况与物探成果进行综合分析，得出经纬360大厦基坑按照1∶0.20进行放坡开挖，采用4层锚管垂直开挖面与水平方向成15°进行支护，锚管按照间距2.5m梅花形布置，起始位置第一层埋深3.5m，第二层埋深6m，第三层埋深8.5m，第四层埋深11m。每层锚管长度均为18m，直径75mm，壁厚5.5mm，经检测材质为Q345B钢管。

从第440环位置开始，盾构机刀盘进入第四层锚管区域，隧道顶部覆土深度为13.3m；从508环位置开始，盾构机刀盘同时进入第三层与第四层锚管区域，隧道顶部覆土深度为11.4m，位置关系见图4；直至549环，盾构机刀盘脱离锚管区域，隧道顶部覆土深度为10.5m，影响范围约130m。侵入左线隧道范围的第四层锚管共计53根，第三层锚管共计23根，合计76根。

表1　　　　　　　　　　　　　　　经纬360大厦区域物探情况统计表

探孔编号	环号	距隧道中心/m	取样深度/m	揭露物体描述	隧顶埋深/m	物探方式
L10-1	485	6	4.5	水泥浆包裹φ75mm壁厚5.5mm钢管	12	人工挖探
L11	500	6	10.5	遇到钢管，取出水泥浆液固结体	11.7	地质钻机
L11-3	500	3	10.5	遇到钢管，取出水泥浆液固结体	11.7	地质钻机
L11-4	500	中心位置	12.2	水泥浆液固结体，壁厚5.5mm钢管壁	11.7	地质钻机
1	500	3.5	11.2	遇到钢管，取出水泥浆液固结体	11.7	地质钻机
2	501	3	11.2	遇到钢管，取出水泥浆液固结体	11.6	地质钻机
6	507	4.5	9.6	φ75mm壁厚5.5mm部分钢管	11.5	地质钻机
11	534	3.45	9.8	0.75m长φ75mm壁厚5.5mm钢管	10.8	旋挖钻机
12	532	3.3	10	遇到钢管，取出水泥浆液固结体	10.9	旋挖钻机
13	529	3.15	7.5	遇到钢管，取出水泥浆液固结体	10.9	旋挖钻机
14	483	5	12.5	遇到钢管，取出水泥浆液固结体	12	旋挖钻机
15	488	4.3	12.5	遇到钢管，取出水泥浆液固结体	11.9	旋挖钻机
16	499	4.8	12.5	遇到钢管，取出水泥浆液固结体	11.7	旋挖钻机
17	503	4.8	12.5	遇到钢管，取出水泥浆液固结体	11.6	旋挖钻机
18	508	4.5	12.5	遇到钢管，取出水泥浆液固结体	11.4	旋挖钻机
21	455	3	12.2	φ75mm壁厚5.5mm部分钢管	13	地质钻机

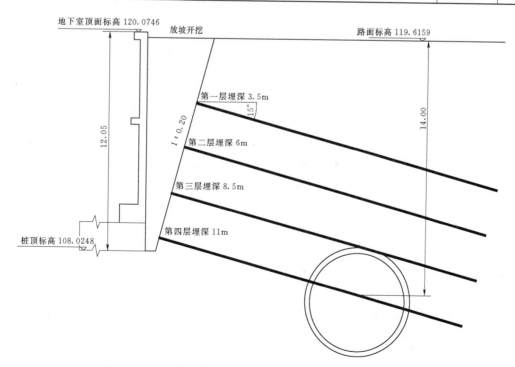

图4　508环盾构刀盘进入第三层与第四层锚管关系图（单位：m）

4 锚管处理方案比选

表2列出了地层预加固法、明挖处理法、地面清障法、盾构开仓清障法等几种锚管处理方案的适用性和优缺点。经过对多种方案对比分析，结合现场情况，提出了一种采用旋挖钻地面预处理清除锚管和盾构掘进施工配合的处理方案。该方案先在地面采用旋挖钻机对侵入隧道内的锚管进行切削，带出到地面，少量锚管被旋挖钻机压入隧道底部以下；钻断后的锚管少量残留在地层中，在盾构掘进通过时，通过设置合适的掘进参数，将成为剩余的锚管段挤压至盾构两侧土体内，或从螺旋机内排出，实现盾构通过锚管段的掘进施工，处理方案比较表详见表2。

表2 锚管处理方案综合比较表

项目	地层预加固法	明挖处理法	地面清障法	盾构开仓清障法
方案简介	采用$\phi800@550$三重管高压旋喷进行地层加固，限制锚管位移，确保良好的隔水效果，以便盾构机掘进锚管群区域困难时进行开仓作业	先施作地下连续墙，后采用明挖法进行土方开挖。在将锚管清除完成后，进行土方回填与路面恢复，最后盾构机正常掘进通过	先采用旋挖钻机在隧道中线按照$\phi800@750$纵向探孔，后对确定位置的锚管进行横向清障，最后采用M5砂浆回填至距地面2m高度为止	将受锚管影响的撕裂刀更换为球形合齿滚刀，增强刀盘的破岩能力和强度。盾构机掘进锚管群区域困难时，则进行应急加固开仓作业
技术可行性	该区域地层为富水砂层，加固效果不能完全保证	能够将锚管彻底清除干净，确保盾构机安全通过	可能存在遗漏的锚管未彻底清除干净	富水砂层无法提供盾构磨除锚管的反力，很难将锚管进行有效磨除
安全性	需多次进行开仓作业，风险系数高	降水施工对周边建筑物和已成型右线隧道影响较大	需要进行约3次开仓作业，相对比较安全	对地层扰动大，进而引起地表坍塌或造成管线断裂，开仓作业频繁
工期/d	248	200	150	305
周边环境影响	占地面积小，围闭108d，需改迁1根燃气、2根通信、1根路灯线，盾构通过时对周边环境影响较大	占地面积大，围闭110d，管线均需改迁，盾构通过时对周边环境影响小	前期占地面积小，围闭65d，需改迁1根燃气，盾构通过时对周边环境影响较小	前期无需占地，管线采取保护方案，无须改迁，盾构通过时对周边环境影响非常大

5 旋挖钻地面清除锚管技术

5.1 总体方案

为确保盾构顺利通过该区域，需对侵入左线隧道的锚管进行清除。首先采用旋挖钻机在左线隧道中线右侧0.5m对应地表位置纵向探孔，探孔按照$\phi800@750$咬合布置，然后对确定位置的锚管进行横向清障，最后采用M5砂浆回填至距地面2m高度为止。设计清障677孔，平均孔深19.5m。钻孔施工前，人工开挖探沟，探明管线具体位置，注意避让和保护。

5.2 处理技术

纵向探孔设计173孔，受既有管线的影响，纵向探孔6孔未进行施工，实际探孔施工167孔。其中8孔未遇到锚管，76孔遇到锚管且侵入隧道，83孔遇到锚管但未侵入隧道，遇到锚管合计90根，侵入隧道锚管合计77根，对比物探结果锚管分布更加密集。针对确认存在位置的锚管进行横向清障，受一根纵穿300mm×50mm通信管线的影响，沿隧道方向0.4～0.6m宽度范围清障时进行避让，该区域锚管未进行彻底清除。同时两端燃气改迁接头位置3号与172号探孔横向左侧8孔清障孔未进行施工，锚管清障孔位布置见图5。

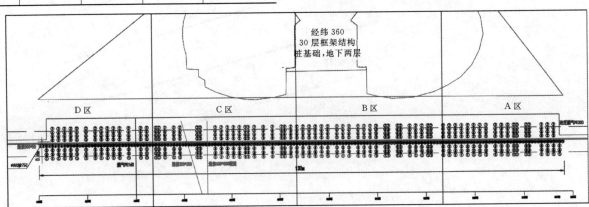

图5 经纬360大厦锚管清障完成孔位布置图

6 盾构穿越锚管处理区域掘进技术

6.1 盾构掘进参数设置

（1）选定合理掘进模式和盾构掘进参数。为尽可能让盾构挤压土体，让锚管在土体中随盾构前进中滑动，掘进模式采用土压平衡模式，利用土仓内的土压来平衡开挖面及地下水压力，以避免掌子面失稳、坍塌。推进速度降低为 20～40mm/min，总推力不超过 2000t。

（2）为了防止锚管堆积过多困住刀盘，造成地层扰动，通过设置油压，控制刀盘扭矩不超过 2.5MN·m，一旦出现扭矩超负荷自动停机，迅速反转刀盘，实际掘进刀盘扭矩见图 6。

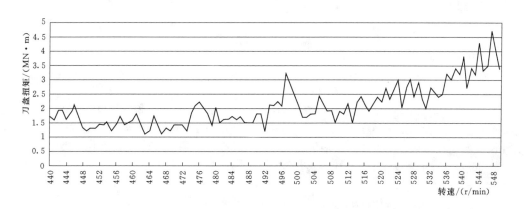

图 6　刀盘扭矩

（3）利用螺旋输送机防喷涌能，改良液化土体。向土仓内注入大量膨润土对锚管进行润滑，增加渣土流塑性，便于盾构挤压式推进，并能及时排除锚管。

（4）刀盘转速设定为 1.3～1.5r/min，且顺时针转一定圈数后，更换旋转方式为逆时针，降低刀盘前锚管堆积的可能性。

（5）刀盘前锚管堆积会增加对土体的扰动，带来部分土体流失。严格控制同步注浆量和浆液质量，通过同步注浆及时充填建筑空隙，减少施工过程中的沉降变形。根据隧道所处地层，注浆压力应控制在 0.5～0.7MPa，注浆量控制在 6.0m³ 以上。在距离盾尾 4 环的位置及时进行二次补注水泥水玻璃双液浆，注浆压力严格控制在 0.6MPa 以内，形成止水环对隧道管片进行固定。并根据地面监测情况，及时进行二次补浆，浆液为双液浆。

（6）为控制切口压力低带来的地面沉降问题，地面提前准备好注浆设备，根据监测情况，随时做好补充注浆准备，控制地层沉降变化，维持地表及管线稳定。

6.2 盾构掘进情况分析

（1）通过对锚管清障情况和对盾构参数的跟踪，判断盾构应于 440 环进入锚管区域，549 环脱离锚管区域。

（2）通过上述数据分析，随着盾构在锚管区域内的掘进深入，锚管即使已被旋挖钻钻断，也会对盾构机的总推力和刀盘扭矩造成较大影响，总推力最高时达到 2230t，刀盘扭矩最高时达到 4.7MN·m。同时，存在螺旋输送机被锚管卡住，出渣困难的情况，确定盾构机土仓与螺旋输送机中均存在遗留在土层中的锚管。

（3）利用旋挖钻机地面清除侵入隧道的大部分锚管，大大降低了盾构直接掘进和开仓作业的风险。在掘进过程中采取正反转措施，尽量使锚管通过盾构排出，进一步降低了盾构开仓风险。

（4）通过对监测数据进行分析可以确定，清障钻孔回填的 M5 砂浆对富水砂层起到了一定的加固作用，加强了地层的稳定性，减少了盾构机掘进对地层产生的扰动，确保了地表沉降处于安全可控的状态，对经纬 360 大厦建筑物监测沉降情况详见图 7。

6.3 应急措施

（1）当盾构机出现不能出土的情况时，应迅速判断，是否进行开仓处理刀盘前会土仓内堆积锚管。开仓作业前，做好各项准备工作，一旦开仓必须保证连续作业，开仓后观察掌子面情况，确认稳定后再进仓处理，尽可能避免动火作业，采用机械液压切断。

（2）由于次盾构机螺旋输送机无伸缩功能，前闸门无法关闭。当螺旋输送机出现异常时，可向螺旋输送机前端注入聚氨酯，并通过中盾径向孔注聚氨酯形成环箍，切断地下水补给，之后清理螺旋输送机内的锚管。

（3）在进行盾构掘进时，必须对地面情况加强巡视，提高监测频率，发现地面异常情况，应立即停止推进，紧急处置。

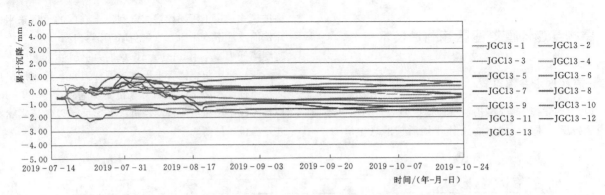

图 7　360 大厦建筑物监测点累计沉降时程变化曲线图

7　结语

通过哈尔滨地铁中央大街站—尚志大街站区间左线盾构穿越锚管区域的工程实例，在传统思路的方法以外，提出了一种在软弱地层中充分利用盾构机掘进的各项特性，结合地面旋挖清除锚管为主的处理方案，实现了盾构顺利穿越锚管区域，为今后盾构掘进通过更复杂地下障碍物区域的施工提供借鉴和参考。

参考文献

[1]　游杰，颜岳. 软弱地层中地铁盾构区间隧道穿越周边基坑锚管的施工技术 [J]. 现代隧道技术，2017，54 (5)：230 - 235.

[2]　张志冰. 软弱地层盾构穿越锚索区域施工技术 [J]. 石家庄铁道技术学院学报，2017 (12)：25 - 29.

[3]　吴亮. 西安地铁 2 号线洲际广场锚索拔除方案比选 [J]. 广东建材，2008 (10)：127 - 128.

[4]　王淼. 城市轨道交通盾构隧道穿越大厦地下室锚管的处理方案比选 [J]. 城市轨道交通研究，2012 (6)：104 - 108.

[5]　林生凉. 地铁盾构区间遇到锚管障碍物的处理方法及技术控制 [J]. 福建建筑，2013 (9)：50 - 51，33.

美标 AASHTO 规范在菲律宾某火力发电厂中的应用

李洪波　赵慧芳/中国电建集团河南省电力勘测设计院有限公司

赵鹏程/中国水利水电第六工程局有限公司

【摘　要】　刚性路面指道路面层采用混凝土板的路面，采用素混凝土板或连续配筋板。火力发电厂一般采用素混凝土板，文中提到的刚性路面均指素混凝土板路面。本文运用美国国家高速公路和交通运输协会（AASHTO）规范体系中的 Guide for Design of Pavement Structures（1993），结合菲律宾某电厂的交通构成、岩土地质特性、气候条件、排水条件等，对电厂道路设计中的各个设计参数进行分析和计算，确定刚性路面混凝土面层厚度为 23cm，基层级配散粒材料厚度为 20cm。本工程的设计实例，可为今后的涉外工程道路设计提供参考。

【关键词】　刚性路面　AASHTO　轴载当量　路基模量

1　引言

随着中国"一带一路"倡议的提出，我国的电力建设企业大规模地走出国门，如火如荼地投入沿线国家的电力建设当中，但是，在项目的设计过程中，会遇到中国标准与当地标准有差异的问题，中国的设计标准往往不被当地的审图机构所接受。这些工程所在国家采用的设计标准，大多沿袭了美国的设计标准体系（以下简称美标），使美标成了公认的国际标准。因此，直接采用美标进行设计，或者采用中国标准设计并运用美标进行复核，是应对涉外工程设计标准差异行之有效的方法。本文介绍了美标中的道路设计规范 AASHTO 中刚性路面的设计方法及相关参数取值，并结合菲律宾某火力发电厂的道路交通构成、岩土地质特性、气候条件等，完成了素混凝土刚性路面设计的工程实例，为今后涉外工程的厂区道路设计提供参考。

2　工程概况

项目位于菲律宾吕宋岛巴丹省马里韦莱斯湾附近，本期新建 2×660MW 超临界燃煤机组。工程场地地貌上处于海岛海洋岸坡丘陵地带，原始地形北高南低，地势开阔，场平以挖方为主。项目所在地处于热带季风气候带，一年分为雨季（每年 5—9 月）和旱季两季，年

平均气温在 25～28℃。厂区主要道路的持力层为粉质黏土或全风化集块岩，整个场地地层的物理性质与工程特性都比较良好。

3　规范中的设计方法

AASHTO《路面结构设计指南》（以下简称《指南》）中提到的刚性路面设计方法，是经验性的计算公式，首先根据道路级别确定服务性能指数差 ΔPSI、标准正态差 Z_R 及总标准差 S_o；其次根据交通构成、分析年限、最终服务性能指数 p_t 及车辆增长系数确定 18 - kip 等效轴载当量作用次数 W_{18}，按照混凝土强度计算相应的混凝土抗折模量 S_c' 及弹性模量 E_c；然后确定道路结构的排水系数 C_d、接缝传荷系数 J，根据岩土地质特性及测试报告确定有效路基反应模量 k；最后，根据式（1）通过计算机程序来计算水泥路面厚度 D，或者按照预估的路面厚度 D 来计算道路能够承受的 18 - kip 标准轴载作用次数 $\overline{W}_{18}$，以确定是否满足要求。

$$\lg W_{18} = Z_R \times S_o + 7.35 \times \lg(D+1) - 0.06$$

$$+ \frac{\lg \dfrac{\Delta PSI}{4.5 - 1.5}}{1 + \dfrac{1.624 \times 10^7}{(D+1)^{8.46}}} + (4.22 - 0.32 \times P_t)$$

$$\times \lg \left\{ \frac{S_c' \times C_d \times (D^{0.75} - 1.132)}{215.63 \times J \times \left[D^{0.75} - \dfrac{18.42}{(E_c/k)^{0.25}} \right]} \right\} \tag{1}$$

4　计算参数

4.1　服务性能指数

服务性能是指该道路服务指定的交通种类（汽车和卡车）的能力，它是通过现有服务性能指数 PSI 来衡量的。现有服务性能指数 PSI 取值范围为 $0\sim5$，数值越大表示道路状况越好。对于新建的混凝土刚性路面的初始服务性能指数 p_o 一般取 4.5，而最终服务性能指数 p_t 取决于公众对道路在必要的修复、重铺或改建之前的接受程度，对于交通主干道一般取 2.5，次要道路一般取 2.0。服务性能指数差 ΔPSI 即为初始服务性能指数与最终服务性能指数的差值。

4.2　标准正态差 Z_R 及总标准差 S_o

标准正态差 Z_R 与设计道路的可靠度 R 有关，道路级别越高，可靠度要求越高。其对应关系见表1。对于刚性路面，总标准差 S_o 反应的是交通预测中的机会变化和路面性能预测中的正态变化，一般取 $0.3\sim0.4$。

表1　对应不同可靠度 R 的标准正态差

可靠度 R	标准正态差 Z_R	可靠度 R	标准正态差 Z_R	可靠度 R	标准正态差 Z_R
50	-0.000	90	-1.282	96	-1.751
60	-0.253	91	-1.340	97	-1.881
70	-0.524	92	-1.405	98	-2.054
75	-0.674	93	-1.476	99	-2.327
80	-0.841	94	-1.555	99.9	-3.090
85	-1.037	95	-1.645	99.99	-3.750

4.3　等效轴载交通量

《指南》中以单轴作用荷载 $18-kip$（80kN）作为标准轴载，将不同车辆类型的不同轴载乘以轴载等效系数，转换成 $18-kip$ 标准轴载，并统计分析期内所有车辆对路面的预期累计标准轴载作用次数，作为累计双向等效轴载交通量 $\hat{W}_{18}$。设计等效轴载交通量 W_{18} 是指分析年限内的累计双向等效轴载交通量 $\hat{W}_{18}$，乘以该道路的方向分布系数 D_D 及车道分布系数 D_L 来确定的，反应的是标准轴载在路面一个车道上预估的作用次数，其计算方法见公式（2）。

$$W_{18}=D_D\times D_L\times \hat{W}_{18} \qquad (2)$$

4.3.1　轴载等效系数

刚性路面设计采用的轴载等效系数参见《指南》表 D.10～表 D.18，该系数选取时需要先确定设计路面的最终服务性能指数 p_t 及假定的刚性路面混凝土板的厚度 D，然后根据不同的单轴轴载、并列双轴轴载或并列三轴轴载选取对应的轴载等效系数。部分轴载等效系数见表2。

表2　轴载等效系数表（$D=9in$，$p_t=2.0$）

单轴轴载 /kip	等效系数	并列双轴轴载 /kip	等效系数	并列三轴轴载 /kip	等效系数
10	0.081	10	0.005	10	0.0001
18	1.000	18	0.132	18	0.043
24	3.470	30	1.140	30	0.351
26	4.880	40	3.890	40	1.180
28	6.700	50	9.980	50	3.030
30	8.980	60	21.60	60	6.530
40	30.70	62	24.90	62	7.490
50	82.00	64	28.50	64	8.550

注　两轴或相邻两轴间距为48in（1219mm）。

4.3.2　方向分布系数 D_D

方向分布系数表示的是累计双向等效轴载交通量在道路两个方向上的分布情况，一般对双向道路设计取 0.5，但是，有时道路的一个方向为通行"负载"车辆较多，另一个方向通行"空载"车辆较多，则需要考虑两个方向上方向分布系数不同的情况，根据经验 D_D 值可在 $0.3\sim0.7$ 之间选取。

4.3.3　车道分布系数 D_L

车道分布系数表示的是道路每一车道上等效轴载交通量的分配比率，车道越多，分配比率越小。对于单向 $1\sim4$ 车道，取值范围在 $1.0\sim0.5$。

4.4　混凝土弹性模量 E_c 及抗折模量 S'_c

混凝土的弹性模量可通过式（3）计算，式中 f'_c 表示混凝土的抗压强度。

$$E_c=57000\sqrt{f'_c}\quad(psi) \qquad (3)$$

混凝土抗折模量也即是混凝土抗弯模量，可采用 ASTM C78 中的三点加载法测得。在没有试验数据时可采用式（4）进行估算。

$$S'_c=43.5\left(\frac{E_c}{10^6}\right)+488.5\quad(psi) \qquad (4)$$

4.5　接缝传荷系数 J 及排水系数 C_d

刚性路面的接缝传荷系数 J 与路面结构横缝是否设置传力杆有关，设置传力杆时取 $2.5\sim3.1$，不设传力杆时取 $3.6\sim4.2$。

路面结构的排水系数 C_d 取决于路面排水质量，见表3。

表 3　刚性路面设计排水系数 C_d 的建议值

排水质量	排水时间	路面结构暴露在接近饱和的湿度水平下的时间百分比			
		$<1\%$	$1\%\sim5\%$	$5\%\sim25\%$	$>25\%$
极好	2 小时	1.25～1.20	1.20～1.15	1.15～1.10	1.10
好	1 天	1.20～1.15	1.15～1.10	1.10～1.00	1.00
一般	1 周	1.15～1.10	1.10～1.00	1.00～0.90	0.90
差	1 个月	1.10～1.00	1.00～0.90	0.90～0.80	0.80
很差	不排水	1.00～0.90	0.90～0.80	0.80～0.70	0.70

4.6　有效路基反应模量 k

有效路基反应模量 k 需要根据基岩深度、路基回弹模量 M_R、基层弹性模量 E_{SB} 及板底支撑损失 LS 等参数，通过查《指南》中图表 3.3～3.6 的方式确定。

4.6.1　路基回弹模量 M_R

《指南》建议通过试验来取得路基回弹模量 M_R，在无试验数据时，可采用公式（5）进行计算或采用表 4 的推荐值，式中 CRB 为加州承载比。

$$M_R = 2555CRB^{0.64} \quad (psi) \qquad (5)$$

4.6.2　基层弹性模量 E_{SB}

基层弹性模量 E_{SB} 可采用公式（6）进行估算，式中 θ 为基层主应力之和，k_1、k_2 为回归常数，$k_1 = 3000\sim8000$，$k_2 = 0.5\sim0.7$。在无法取得相应数据时，可采用表 4 的推荐值。

$$E_{SB} = k_1\theta k_2 \quad (psi) \qquad (6)$$

表 4　路基回弹模量 M_R、基层弹性模量 E_{SB} 推荐值

AASHTO 材料分类	描　述	基层弹性模量 E_{SB}	路基回弹模量 M_R
A-1-a	级配碎石（graded gravel）	38500～42000	18000
A-1-b	粗砂（Coarse sand）	35500～40000	18000
A-2-4	粉质砾石或砂（Silty gravel/sand）	28000～37500	16500
A-2-5	粉砂质砾石（Silty sandy gravel）	24000～33000	16000
A-2-6	黏土质砾石或砂（Clayey gravel/sand）	21500～31000	16000
A-2-7	黏土质砂砾石（Clayey sandy gravel）	21500～28000	16000
A-3	细砂（Fine sand）	24500～35500	16000
A-4	粉土或粉砂粉砾混合物（Silt or Silt/sand/gravel mixture）	21500～29000	15000
A-5	级配不良粉土（Poorly graded silt）	17000～25500	8000
A-6	塑性黏土（Plastic clay）	13500～24000	14000
A-7-5	中塑性弹性黏土（Moderately plastic elastic clayey）	8000～17500	10000
A-7-6	高塑性弹性黏土（Highly plastic elastic clayey）	5000～13500	13000

4.6.3　板底支撑损失 LS

板底支撑损失 LS 是用于考虑混凝土板底基层受到侵蚀或土体垂直移动不均匀，导致部分板底脱空。基层为无黏结粒料时 LS 取 1.0～3.0，为细料或天然基层材料时取 2.0～3.0。

5　工程实例

为了进一步阐释 AASHTO 刚性路面的设计方法，本文选取了菲律宾某电厂中的重载道路设计作为应用案例，设计的基层采用级配碎石土，厚度为 8in（203mm），混凝土路面厚度 9in（230mm）。

5.1　服务性能指数

道路的初始服务性能指数 p_o 取 4.5，最终服务性能指数 p_t 取 2.0，则

$$\Delta PSI = p_o - p_t = 4.5 - 2.0 = 2.5$$

5.2　标准正态差 Z_R 及总标准差 S_o

电厂道路的可靠度按 90%，则根据表 1，$Z_R = -1.282$；总标准差取 $S_o = 0.35$。

5.3　等效轴载交通量

该电厂每天产生的煤灰量为 1100t/d，煤渣量为 120t/d，采用载重量 20t 的卡车运输。满载时，前轴轴

载为 65kN，后轴（双轴）轴载为 250kN，18 - kip 等效   轴载交通量计算见表 5。

表 5   **18 - kip 等效轴载交通量计算（按 25 年）**

车辆类型	当前日交通量/次	车辆增长系数	设计交通量/次	等效轴载系数	等效轴载交通量 $\hat{W}_{18}$
Truck	55+6=61	0	61×25×365=556625	16.5	9.2×10⁶

注   1kip=4.48kN。

方向分布系数 D_D 取 0.7，车道分布系数 D_L 取 1.0，则设计等效轴载交通量：

$$W_{18}=D_D \times D_L \times \hat{W}_{18}=0.7 \times 1.0 \times 9.2 \times 10^6$$
$$=6.44 \times 10^6 （次）$$

5.4 混凝土弹性模量 E_c 及抗折模量 S'_c

根据合同要求，面层采用的混凝土强度等级为 5000psi，则

$$E_c=57000\sqrt{f'_c}=4.03 \times 10^6 （psi）$$
$$S'_c=43.5\left(\frac{E_c}{10^6}\right)+488.5=663.8 （psi）$$

5.5 接缝传荷系数 J 及排水系数 C_d

路面接缝横缝处设置有传力杆，传力杆大小满足指南的要求，取 $J=2.8$。

路面纵横向均设置有排水坡度，通过集水坑排入路侧的排水沟，路面排水情况良好，取 $C_d=1.0$。

5.6 路基反应模量 k

《指南》中要求考虑不同气候条件对路基回弹模量及基层弹性模量的影响，本工程所在地全年仅分旱季和雨季，无冻融性气候，因而计算时仅考虑旱季和雨季（5—9月）。根据岩土勘测报告及平板载荷试验，全年各个月份的路基回弹模量及基层弹性模量见表6。

在确定有效路基反应模量时，首先根据不同月份的路基回弹模量 M_R 及基层弹性模量 E_{SB}，在《指南》图 3.3 中查对应的地基综合反应模量值 k_∞；接着根据不同的地基综合反应模量值 k_∞ 及指南中的图 3.5 确定对应损失值 u_r；然后根据平均损失值 $\bar{u}_r$，通过《指南》中的图 3.5 反查出有效路基反应模量 k；最后根据板底支撑损失 LS（取 1.0）、有效路基反应模量 k 及《指南》中的图 3.6，确定修正的路基反应模量 k_c。通过上述步骤，得到的有效路基反应模量为 $k=540$pci，修正的路基反应模量为 $k_c=170$pci。

表 6   **路 基 反 应 模 量 表**

月份	基层材料类型	级配良好碎石土	基岩深度/feet	≥30
	基层厚度/in	8	预估混凝土板厚/in	9
	路基回弹模量 M_R/psi	基层弹性模量 E_{SB}/psi	地基综合反应模量 k_∞/pci	损失 u_r
1—4	10000	15000	480	0.62
5—9	12000	25000	640	0.54
10—12	10000	15000	480	0.62
			总损失 $\sum u_r$	7.04
			平均损失 $\bar{u}_r=\sum u_r/12$	0.59

5.7 计算结果

$\overline{W}_{18}=1.58 \times 10^7 > W_{18}=9.2 \times 10^6$，因此，设计路面结构满足要求。

6 结语

AASHTO《路面结构设计指南》中提供的设计方法，是建立在早期的试验测试的基础上，不免有诸多缺陷，如基层材料种类、汽车种类及轴载等都有了较大的变化，该方法设计的路面其结构性能主要依赖于面层的厚度。近年来，在 AASHTO 出版的手册中，引入了粗糙度指标、裂缝模型及缺陷模型等，并建立了"力学-经验"路面设计法，运用计算机软件来进行路面结构的设计，比现有设计方法更符合实际情况。但是，国内的设计院往往没有相应的 AASHTO 设计软件，且软件的资料库主要是针对美国本土，并不一定适用于工程所在地。因此，对于涉外电力工程，采用国标《公路水泥混凝土路面设计规范》设计，运用 AASHTO《路面结构设计指南》进行复核及审图，是行之有效的手段。

超厚富水砂层盾构防喷涌施工技术

赵春生　毛宇飞/中国电建集团铁路建设有限公司

【摘　要】 土压平衡盾构在富水砂层掘进施工中，由于渣土改良不到位，渣土的渗透性强，受高压水的作用，螺旋输送机闸门打开时，土仓内外存在压力差，致使盾构螺旋输送机在渣土排放过程中发生喷涌现象，从而导致出渣量超排，掌子面失稳，地面产生沉陷，甚至坍塌，严重时会危及周边建筑物安全和人民生命安全，本文阐述采用双螺旋土压平衡盾构机有利于防止富水砂层掘进中产生喷涌的控制。

【关键词】 盾构　双螺旋　防喷涌

1 引言

在城市地铁盾构隧道施工过程中，因各种原因出现了诸多安全事故，究其发生安全事故的根源在于地层损失过大造成的，造成地层损失因素较多，其中盾构掘进发生喷涌就是一个非常重要的要因。发生喷涌的程度大小与产生的后果有直接关系，如果发生小量喷涌，只是造成地面沉陷，洞内渣土清理困难；一旦发生大的喷涌，如果不能及时有效地得到控制，产生的后果不堪设想，严重时危及人民生命财产安全。

2 工程概况

哈尔滨市轨道交通2号线一期工程起于呼兰区松北大学城，终于香坊区气象台站。线路串联呼兰、松北、道里、南岗、香坊五区，沿线经过松北开发区、太阳岛旅游休闲中心、道里商业金融中心、铁路客站、省级行政办公中心，是网络南北—东西的主要干线，有力支持哈尔滨城市发展中"北跃"的发展策略，为"一江居中，两岸繁荣"的城市繁荣构想铺垫基础。全线共计19座车站（4.75km）、18个区间（23.86km），线路全长28.6km（双线），均为地下线路。同步建设1座控制中心、3座主变电所和1处哈北车辆段，设计概算总投资206.469亿元。

3 气象、水文、地质

3.1 气候条件

哈尔滨市属寒温带大陆性季风气候。主要特点为春季风大雨少，夏季温热湿润降水集中，秋季凉爽、霜来早，冬季漫长，寒冷干燥。一年平均气温3.6℃，极端最高气温可达36.4℃，极端最低气温－38.1℃。全市年平均降水量为523mm，降水主要集中在夏季。冬季降雪占全市降水的12.1％，降雪期日数为180多天，年降雪量平均为63.1mm，最大积雪深度达41cm。年平均风速4.1m/s，常年主导风向以西南风为主。年平均日照时数2446h。年最大冻土深度205cm。

3.2 工程地质

2号线一期工程穿越四个地貌单元，全长有28.6km，共穿越了波状平原，松花江阶地、马家沟沟谷地带和松花江漫滩。其中，哈尔滨站到松北区该区段线路处于松花江漫滩上。地面标高在112～128m左右，该单元土层分布不均，并且性质较差，上部为粉质黏土、黏土及淤质质土层，下部为砂类土为主，砂类土中含黏性土夹层；该区段地下水位较高，40～50m以下为泥岩。砂类土渗透系数达50m/d。

3.3 水文地质

沿线贯穿了松花江漫滩、松花江阶地、信义沟和马家沟沟谷地段等几个地貌单元，在波状平原地段地下水埋藏较深，属承压水类型，依据现有资料，地下水埋深在21.0～39.6m之间；承压水头高度未掌握。松花江漫滩及马家沟沟谷地段，地下水埋藏较浅，属潜水类型，埋深在4.2～7.9m之间。盾构隧道埋深约为12～18m，盾构刀盘切口水土压力大。

4 产生喷涌的原因分析及应对措施

4.1 产生喷涌的原因分析

土压平衡盾构机在掘进时切削下来的土体，经过渣土改良后，渣土渗透性减弱，混合物处于流塑状态，在盾构顶推油缸推力作用下，能有效抑制土层内的高地下水压力，使土仓内的土压力与外界水土压力维持平衡，盾构螺旋输送机排土顺畅。如果渣土不经过改良或改良效果不佳，由于开挖面上水土压力过高，渣土渗透性强，高压力地下水就会穿越压力舱和螺旋输送机。当螺旋输送机排土时，高压力水将带动砂土进入螺旋机筒体内形成集中荷载，造成土仓和螺旋机后闸门口的压力增高，当螺旋机后闸门打开时，就会发生喷涌现象。土空隙中的输送水体形成相对土体运动的集中渗流，原本以相同速度输送的土水产生相对运动，水体流量和流速相应增大。较大流量的渗流水经过压力舱和螺旋输送机后，其压力水头没有减到和零相接近的范围，渗流水在输送至排出口一瞬间，由于前方是临空的隧道内部，处于无压状态，渗流水便在忽然增大的压力下带动正常输送的砂土喷涌而出。

一般来讲，螺旋输送机自身的压缩效应和排土闸门可以抵抗 10kPa(1m) 的水压力和 3cm³/s 的渗流量，水压力和渗流量中的任一指标低于这两个值，可以认为不会发生喷涌，两个指标同时超出这两个指标，视为喷涌发生。如果排土口水流量大于 4cm³/s，且水压力大于 20kPa(2m) 时，可考虑会发生严重的喷涌。

4.2 防止喷涌的应对措施

影响喷涌的发生是水压力、流量受开挖面上的水头高度、压力舱和螺旋输送机的机械参数、渣土的渗透系数等参数的影响，喷涌的大小与水压力和水流量有密切的关系。渣土的渗透系数对螺旋输送机排土口的水压力和流量的大小变化是最为直接的，也是所有影响参数中最为敏感的一个参数，而螺旋输送机筒体设备参数对螺旋输送机排土口的水压力和流量的大小变化有一定的影响，属于次敏感因素，压力舱设备参数对螺旋输送机排土口的水压力和流量的大小变化影响非常小。因此，减小开挖面土体的渗透系数，或者增大压力舱和螺旋输送机的长度，或者减小压力舱和螺旋输送机筒体的直径，都可以降低螺旋输送机排土口处的水压力，并同时减小渗流量，从而减少喷涌发生的可能性。

根据影响喷涌发生因素的主次，首先要解决的关键问题是降低渣土的渗透系数，其次是改变螺旋输送机筒体的结构尺寸。而一定程度上改变盾构设备的结构尺寸难度太大、不经济，只是考虑的一种防范措施，增设双螺旋结构和保压泵渣系统等，一旦发生喷涌时，能及时控制喷涌现象的发生。因此，通过在土仓内加入添加剂对渣土进行有效改良，降低渣土的渗透系数，主要改良添加剂有膨润土、泡沫、高分子聚合物和厚浆等。根据不同地质情况，向土仓内注入添加剂后，能改变渣土性能，提高渣土和易性，降低渣土的渗透系数，使稀的、流动性大的渣土变成流塑状的渣土，同时在掌子面可形

成泥膜，降低砂土地层的渗透系数，减少地下水渗入量，降低土仓内水土压力，有效降低喷涌发生的频次。两种常用的改良方式如下：

（1）膨润土改良。膨润土改良适合地层：①细粒含沙量少的土体，膨润土泥浆能够补充砂砾土中相对缺乏的微细粒含量，提高和易性、级配性，从而提高止水性；②透水性高的土体，在高透水土体中，膨润土泥浆较易渗入，并形成具有气密性的泥膜。膨润土浆液比例为膨润土：水为 1:8，密度为 1.07g/cm³。

（2）泡沫改良。泡沫改良适用比较广泛，适合于各类地层，但更适合的地层是：①颗粒级配相对良好的土体，在级配良好的土体中，泡沫和土体颗粒结合得更加完整和致密，容易形成更多封闭空间；②适合平均粒径较大的土体；③含水量较高的土体。一般泡沫稀释液浓度为 2%～5%，发泡倍率为 8～15，不同地层的注入率存在差异，黏土为 20%～35%，砂、黏土混合物为 25%～35%，砂、砾石性土为 30%～45%，砂性土为 35%～60%，岩石为 100%。

在实际施工过程中，经常会出现单独一种改良剂效果不好的情况，需要采用两种及以上的改良剂，岩土与改良剂混合液的比例需要进行现场调试，测定改良后的渣土坍落度，确定最佳配合比。

（3）厚浆主要成分为石灰、粉煤灰、膨润土、中细砂、水及外加剂等，其技术性能指标：渗透性小于 5×10^{-5}cm/s，密度大于 1.8g/cm³，坍落度 120～160mm，坍落度经时变化不小于 50mm(20h)，抗压强度 $R_{28} > 1$MPa，$R_7 > 0.15$MPa。1m³ 厚浆配合比：86kg 石灰、322kg 粉煤灰、1267kg 中细砂、54kg 膨润土、320kg 水、3.2kg 外加剂。

5 双螺旋输送机防喷涌控制

5.1 双螺旋输送机

哈尔滨地铁 2 号线一期工程盾构穿越重要建筑物地段，均采用了双螺旋输送机结构设计，双螺旋盾构机就是在单级螺旋的基础上增加一个螺旋输送机，主要设备包括：2 级螺旋机、螺旋机筒体、螺旋机叶片、螺旋机轴、闸门油缸、液压泵、动力电机、液压马达、减速机、减速箱、闸门油缸行程传感器、土压传感器、压力传感器和渣土改良剂注入口等。1 级、2 级螺旋可采用搭接、对接和串联三种方式，每级螺旋输送器具备独立的驱动系统，既可联动控制又可每级独立操作。1 级螺旋输送机采用中部环向驱动，2 级螺旋输送机采用端部轴向驱动，在 1 级与 2 级螺旋之间预留一定长度空间，以便能有效形成土塞效应。由于 1 级螺旋输送机驱动系统安装处于固定位置，所以不具备伸缩功能，在 1 级、

2级之间连接处安装第1道闸门，在2级螺旋输送机出渣口安装第2道闸门，其底部装有泄水闸阀，通过管道排入盾构机内的污水池。

5.2 喷涌控制

盾构在富水砂层施工掘进过程中，渣土改良效果不佳易发生喷涌现象，发生喷涌前，螺旋输送机出渣口会有一些前兆，一旦发现螺旋输送机出渣口有少量的泥浆涌出并有喷涌发生的征兆时，立即调整两段螺旋输送机的转速，使2级螺旋输送机螺旋转速小于1级螺旋输送机螺旋转速，这样，由于1级螺旋输送输出的渣土多于2级螺旋输送机的渣土，使渣土很快在两段螺旋输送机内积聚而形成土塞效应，从而可以有效抑制喷涌发生。如果发现出渣口有大量泥浆喷出，就快速将双螺旋输送机停机，将双螺旋输送机的联动控制改为手动控制，关闭出土口闸门及1级、2级螺旋输送机之间的闸门，通过2级螺旋输送机底部的泄水闸阀，将2级螺旋输送机内压力水排出，再打开2级螺旋输送机的出渣口闸门，使土仓内积水进入螺旋输送机后关闭该闸门，依次循环反复操作，开、关2级螺旋输送机底部的泄水闸阀、2级螺旋输送机出渣口闸门和1级、2级螺旋输送机之间的闸门，即可控制喷涌事故发生，并提高土仓内压力，使其大于掌子面切口压力20kPa。

6 结论

在超厚富水砂层盾构掘进施工中，由于地下水高，水压大，砂层地质渗透系数强，水体带动砂土运动快，高水压带动砂土颗粒穿越土仓和螺旋输送机，造成螺旋输送机排土口压力增大，一旦打开螺旋输送机闸门，就会发生喷涌现象。防止喷涌发生的重要条件是水压力和渗流量两个指标，控制两个指标的关键因素又是渣土的渗透系数。通过加入添加剂对渣土进行有效改良，提高其和易性，能大大降低其渗透系数。采用双螺旋输送机结构土压平衡盾构，一旦发生喷涌，能有效控制住喷涌现象发生。

参考文献

[1] 朱伟. 土压平衡盾构喷涌发生机理研究 [J]. 岩土工程学报，2014 (5).

[2] 针志全. 土压平衡盾构喷涌防治技术 [J/OL]. 建筑机械化，2017 (11).

[3] 茅华. 隧道施工盾构螺旋机喷涌应对措施 [J/OL]. 铁道建筑，2014 (10).

[4] 江玉生. 土压平衡盾构双螺旋输送机力学机理简析 [J]. 隧道建设，2007 (6).

榆祁桥现浇箱梁冬期施工技术

陈希刚　王　永　冀中坤/中国电建市政建设集团有限公司

【摘　要】　在混凝土冬期施工中，早期混凝土强度的增长是抵抗冻害的关键，如何使混凝土尽快达到抗冻临界强度是施工控制的重点所在。要解决这一问题，主要是控制混凝土浇筑时的入仓温度、混凝土浇筑时的保温及混凝土后期养护温度。

【关键词】　现浇箱梁　冬季施工　保温措施

1　工程概况

山西省晋中市综合通道位于现代产业园区晋中起步区，北起榆次区蕴华街，南至太谷县南席村与108国道相接。道路全长18.2km，宽度60m，两侧设15m绿化带共90m宽，设计车速60km/h。综合通道在K18+150处与榆祁高速公路交叉，交叉右前夹角为95.057°。

榆祁桥全长473.3m，共14跨，其上部结构跨榆祁高速公路部分为40m+60m+40m现浇预应力混凝土连续箱梁，单箱三室，其余11跨为30m装配式预应力混凝土箱梁；下部结构桥台采用柱式台，桥墩采用柱式墩，墩台均采用钻孔灌注桩基础。

2　现场施工条件

截至2018年10月底，榆祁桥下部结构已完成，0号台—4号墩箱梁安装完成，中间跨线门洞搭建完毕，5号墩—8号墩现浇箱梁底模拼装完成。为保证工程按期交工，现浇部分必须继续施工。

晋中市历年平均气温在6.6~10.8℃之间，平均为9.4℃。最冷的1月全市平均气温为-6.2℃，极端最低气温多出现在12月至次年2月。本项目于11月中下旬进入冬期施工，由天气预报结合历年气温情况，施工期间温度在-8~7℃。

晋中市地处太原盆地，四周环山，受地形影响，年平均风速较同纬度华北平原偏小，平均风速在1.5~2.6m/s之间。由天气预报结合历年风速情况，施工期间风速小于3级风。

就晋中当地当时天气，11月将进入冬季施工。为确保工程质量及施工安全，本项目结合现场实际，组织人力、物力做好冬期施工的准备工作，并制定榆祁桥现浇箱梁冬期施工方案。

3　技术措施

在混凝土冬季施工中，早期混凝土强度的增长是抵抗冻害的关键，如何使混凝土尽快达到抗冻临界强度是施工控制的重点所在。要解决这一问题，主要是控制混凝土浇筑时的入仓温度、混凝土浇筑时的保温及混凝土后期养护温度。

为了解决以上问题，本项目从混凝土原材储备、拌制、运输、浇筑到养护整个施工过程的各个环节制定了相应的保温、防冻、防风、防失水措施，添加防冻剂、早强剂等，搭建保温暖棚＋蓄热法＋蒸汽养护法，使混凝土加快凝结硬化，尽早达到强度。暖棚测温点布置、箱室内测温点布置如图1和图2所示。

3.1　混凝土配合比试验

本工程混凝土采用太谷县方舟有限公司商品混凝土，榆祁桥现浇箱梁冬期施工前，应首先做好混凝土冬期施工配合比试验，确定防冻剂加入量，确定最佳配合比，指导混凝土施工。

通过试验，得出本工程冬期施工C50混凝土中水泥∶水∶矿渣粉∶粉煤灰∶砂∶碎石∶减水剂的配合比为：1∶0.412∶0.188∶0.062∶1.768∶2.884∶0.025。

本工程选择使用山西抗力建材有限公司的KL9复合早强防冻剂，通过室内试验参数，得到KL9复合早强防冻剂最佳掺量为3.5%。

3.2　混凝土拌和物热工理论计算

热工计算的原理是确保混凝土浇筑完成，开始采用蓄热法养护时的温度 t_2 不得低于入模温度 5℃（外界气温不得低于 −10℃）。

混凝土拌和物理论温度 t_0：根据《建筑工程冬期施工规程》（JGJ/T 104—2011），混凝土拌和物的理论温度，可由组成材料的温度，按热平衡原理推导的公式进行计算。（以 C50 混凝土配合比进行计算），此时以 −5℃为环境温度则有下式，式中符号意义、单位及计算取值见表 1。

$$t_0=[0.92(M_{ce}t_{ce}+M_st_s+M_{sa}t_{sa}+M_gt_g)+4.2t_w(M_w-W_{sa}M_{sa}-W_gM_g)+C_w(W_{sa}M_{sa}t_{sa}+W_gM_gt_g)-C_i(W_{sa}M_{sa}+W_gM_g)]/[4.2M_w+0.92(M_{ce}+M_s+M_{sa}+M_g)]$$

表 1   混凝土拌和物理论温度 t_0 计算参数表

序号	符号	符号意义	单位	数值
1	t_w	水的温度	℃	90
2	M_{ce}	水泥用量	kg	413
3	M_{sa}	砂用量	kg	797
4	M_g	碎石用量	kg	936
5	M_w	水用量	kg	165
6	t_{ce}	水泥温度	℃	−5
7	t_{sa}	砂温度	℃	−5
8	t_g	碎石温度	℃	−5
9	W_{sa}	砂含水率	%	0.03
10	W_g	碎石含水率	%	0.01
11	C_w	水的比热容	kJ/(kg·K)	2.1
12	C_i	冰的溶解热	kJ/kg	335
13	t_0	混凝土拌和物温度	℃	13.62
14	M_s	掺合料用量	kg	103
15	t_s	掺合料的温度	℃	−5

施工时将水温加热至 90℃，混凝土理论温度应能达到 10.12℃，以此作为热工计算参数计算。

混凝土拌和物出机温度

$$t_1=t_0-0.16(t_0-t_i)$$

式中 t_0——混凝土理论温度；

t_i——搅拌机处环境温度，取 −5℃。

则 $t_1=13.62-0.16\times(13.62+5)=7.7$（℃）

混凝土拌和物成品温度

$$t_2=t_1-(\alpha\cdot t_1+0.032n)(t_1-t_a)$$

α——温度损失系数（h^{-1}），当用混凝土搅拌车运输时，$\alpha=0.25$；

t_1——混凝土拌和物自运输至浇筑的时间，h，$t_1=0.3$；

n——混凝土拌和物运转次数，采用溜槽时 $n=1$，采用泵车时 $n=2$；

t_a——混凝土运输时环境温度，取 −5℃。

通过上述计算方式计算得出当采用泵车泵送时 $t_2=6.1$℃，大于混凝土入模温度 5℃，证明冬期混凝土施工措施可行。

3.3   钢筋焊接加工保温措施

钢筋存放区搭设防雨棚，防止日晒雨淋对钢筋原材的氧化锈蚀。

钢筋加工制作采取在加工场地集中加工的方式，钢筋存放区旁边搭设加工棚，钢筋焊接在室内进行，减少焊件温度梯度下降和防止焊接后的接头立即接触冰雪，焊接室温不低于 −20℃。

钢筋现场焊接：环境温度达到 −5℃时，即为钢筋"低温焊接"，严格执行钢筋低温焊接工艺，严禁焊接过程直接接触到冰雪。在焊接施工现场，为避免焊接完毕后接头温度下降过快造成冷脆而影响焊接质量，我们制作多个简易轻便钢筋焊接加工房，房子底部使用锁扣与脚手架固定，以防被风吹倒，非常方便实用。

钢筋焊接施工前，根据施工条件进行试焊，经拉力试验检测合格方进行钢筋焊接作业。

3.4   混凝土原材储存、拌制及运输保温措施

3.4.1   原材储存保温措施

冬期施工混凝土的粗、细骨料采取封闭料仓储存，防止雨雪冻结，料仓地点选择地势较高不积水的地方。对于水泥的储存，采用对水泥罐包裹保暖棉罩的措施保温，混凝土搅拌站采取保温棉被全覆盖保温。

3.4.2   混凝土拌制的加热保温措施

对混凝土拌制采取加热水的措施，拌和水采用蒸汽锅炉加热输入地下蓄水池，连接搅拌用水输水管道，在蓄水池内设置自动测温控制器，要求水温准确一致、供应及时，以保证混凝土的搅拌用水达到要求。

拌和用水加热到 90℃，但水泥不可与 80℃以上的水直接接触，采取适当的投料顺序，让水在搅拌机内先与粗骨料接触，在与细骨料搅拌，适当延长搅拌时间，在投入水泥及外加剂。

测试混凝土的初机温度、坍落度、和易性满足设计配合比参数在批量生产，冬期混凝土拌和时间比常温时间延长一倍。

3.4.3   混凝土运输的保温措施

混凝土出仓后应及时运到浇筑地点。在运输过程中，要防止混凝土热量散失、混凝土离析、坍落度变化，运输工具除保温防风外，还必须严密、不漏浆。混凝土在运输过程中采取在混凝土罐外部包裹棉被的措施保温。

3.4.4   混凝土浇筑及后期养护的保温措施

榆祁桥现浇箱梁冬期施工主要解决混凝土浇筑及后期养护的保温工作，解决这一问题的措施是采用保温暖棚覆盖法＋蓄热法＋蒸汽养护法。

保温暖棚覆盖法，是在全桥四周及顶部采用阻燃防

水保温被全部围起来,自底部至顶部进行全封闭,暖棚内部采用纵横钢管架设并设剪刀撑,固定牢靠。箱梁顶部事先架设好脚手架,用于支撑保温被,以防混凝土浇筑后和保温被粘连。

蓄热法是在保温棚内安装散热管,通过热水在散热管内循环散热取暖。具体做法是在桥梁两端保温棚外侧安装 4 台 0.5t 热水锅炉,连接 ϕ50mm 散热钢管,散热钢管在保温棚内呈"几"形布置,设置成循环回路,循环水经锅炉加热后流入散热管,在散热管内循环后流回锅炉,锅炉外配备快速升温机辅助升温,通过调节锅炉+快速升温机控制暖棚升温速度。

蒸汽养护是在门洞两侧安置 3 台蒸汽发生器控制 6 个箱室,使用耐高温管穿过桥梁泄水孔向箱室两端输送蒸汽,以达到取暖养护的目的。

混凝土箱梁浇筑前至少一周时间安装完毕并做取暖保温试验,以检验能否达到冬期混凝土施工温度要求。经测温计测温显示保温暖棚温度在 8～12℃,满足混凝土冬期施工温度要求。

3.4.5 箱梁浇筑时的保温措施

榆祁桥现浇箱梁段分两次浇筑,第一次浇筑底板和腹板,第二次浇筑顶板和翼板。

箱梁浇筑前 12h,先启用箱梁下部散热管取暖+快速升温机+暖棚保温措施,使箱梁底板以下空间预热,当暖棚内温度达到 5℃ 以上时,方可进行浇筑,浇筑时边浇筑边覆盖塑料膜+防水阻燃棉被,以减少热量损失,起到保温作用。根据同条件养生试块检测抗压强度数据,当混凝土强度达到设计强度 100% 时,方可进行下一步施工工序。

现浇箱梁顶板混凝土浇筑时,启用散热管取暖+快速升温机+暖棚保温+梁体内部蒸汽养护措施,使暖棚温度达到 5℃ 以上时方可开始浇筑混凝土。

3.4.6 箱梁养护期保温措施

箱梁浇筑完成后,箱梁顶部全部覆盖防水保温被,与桥梁周围的保温被紧密连起来,形成一个封闭的空间,同时启用箱梁下部散热管加热+快速升温机和箱体内蒸汽加热养护措施。施工过程中应做好温度测量控制工作,并严格按照升温—恒温—降温的步骤和要求进行施工。蒸汽加热养护混凝土升温和降温速度见表 2。

表 2　蒸汽加热养护混凝土升温和降温速度

结构表面系数 $\left(\dfrac{1}{m}\right)$	升温速度 /(℃/h)	降温速度 /(℃/h)
≥6	15	10
<6	10	5

3.4.7 注意事项

(1)第一次送蒸汽时压力应达到要求时,打开阀门送蒸汽,锅炉内始终保持工作水位,水温应达到 80℃

以上。

(2)安装蒸汽管小孔应正面对着梁体,以保证梁体正常升温,混凝土强度正常增长达到预期的强度。

(3)放置蒸汽养护机的地点必须保持干燥,周围不得堆放杂物和易燃品。

(4)降温时,在自控系统的监测下,通过控制蒸汽发生器的开关来达到控制降温速率,使其不大于 10℃/h。箱梁的内室降温较慢时,采取通风措施。养护罩内各部位的温度应保持一致,温差不大于 10℃。当降温至梁体温度与环境温度之差不超过 15℃ 时,撤除养护罩,蒸汽养护结束。

(5)蒸汽发生器设置输出蒸汽温度为 20℃,确保箱体内温度慢慢升温且不能过高。在该阶段每隔 2～4h 观测一次,并做好记录,必要时采用快速升温器辅助。整体浇筑的结构,采用蒸汽加热养护时,升温和降温速度不得超过表 2 规定。

4　现浇箱梁冬期施工测温控制

4.1　施工测温的准备工作

4.1.1　人员准备

设专人负责测温工作,并于开始测温前组织培训和交底。

4.1.2　设备准备

(1)测温百叶箱。规格不小于 300mm×300mm×400mm,宜安装于建筑物 10m 以外,距地高度约 1.5m,通风条件比较好的地方,外表面刷白色油漆。

(2)测温计。测量大气温度和环境温度,采用自动温度记录仪,红外线温度计及预埋式测温元件。各种温度计在使用前均应进行校验。

4.2　冬期施工测温的工作范围及内容

冬期施工温度测量的内容包括:大气温度,水泥、水、砂子、石子等原材料的温度,混凝土入模温度、棚室内温度,混凝土入模后初始温度和养护温度,做好记录并上传至信息沟通平台。

4.3　测温点设置

4.3.1　暖棚测温点的设置

距离暖棚外边线 3m 处开始布置第一排测温点,一排共三跨,每跨内均匀布置 3 个测温点第一排共计 9 个测温点。第二排距离第一排间距 8m,其中一、三跨内均匀布置 2 个测温点,第二跨中布置一个测温点,第二排共计 5 个测温点。左右幅布置形式完全对称,具体布置形式见图 1。

4.3.2　箱室内部测温孔设置

(1)梁体测温。左右幅对称设置,箱室底板中间位置预留测温孔，测温时可通过顶板预留天窗进入箱室。其中一、三跨每跨内的每一个箱室均匀布置两个测温点，第二跨内的每一个箱室均匀布置三个测温点，单幅小计布置测温点21个，双幅共计布置测温点42个，具体布置见图2。

图1 暖棚测温点布置图

图2 箱室内测温点布置图

（2）环境温度。在桥南桥北梁端各布置一台测温百叶箱，利用测温百叶箱实时监控工程所在地的环境温度。

4.3.3 桥梁顶面测温孔设置

（1）测温孔的布置一般选在温度变化较大、容易散失热量、构件易遭冻结的部位设置。

（2）当每跨梁长度大于4m时，测温孔应在跨中设置一点，两侧0.15L处各设置一点。当每跨梁的长度小于4m时，测温孔应在梁两侧0.25L处各设置一点。梁上的测温点应垂直于梁的轴线，孔深度为10～15cm。

（3）榆祁桥现浇段为40m+60m+40m跨设计，结

合现场实际，本工程分别在40m跨的中间和距离两端7.8m处设置3个测温孔；在跨高速路的60m跨的中间及距离两端9m处设置3个测温孔，便于随时监测梁体内部温度。

4.3.4 预埋式测温元件

在混凝土浇筑过程中，在榆祁桥现浇梁测温监控薄弱位置、均等位置设置埋置式温度元件，记录混凝土内部温度，监控混凝土内部温度从60～50℃至10～5℃。梁体内部测温点布置及部分测温记录见表3。梁体内测温点布置图见图3。

表3 　　　　　　　　　　　　　　　　　　榆祁桥右幅顶板测温记录表（部分）

温度/℃　　测温点 时间/h	1	2	3	4	5	6	7
3	47.2	42.3	39.8	41.6	37.2	49.3	42.2
6	50.1	44.4	40.5	44.1	39.5	51.7	44.9

续表

温度/℃ 时间/h	测温点 1	2	3	4	5	6	7
9	52.1	48.7	43.5	47.1	40.8	55.7	48.7
12	50.1	52.3	42.1	45.6	39.3	53.2	46.7
15	54.7	47.3	47.7	46.8	39	52.1	47.5
18	49.7	42.9	53.7	55.1	58.2	50	44.2
21	48.8	41.3	53.3	54.4	57.2	49.1	40.5
24	45.9	39.1	52.7	53.8	56.4	47.9	38.6
27	46.8	34.9	50	52.8	51.4	46.9	36.7
30	44.6	40	53.1	50.6	53.1	44.7	32.9
36	41.7	37.1	47.5	46.9	50.9	42.5	30.2
42	38.4	40.2	43.1	42.7	43.1	39.7	44.8
48	45.3	47.8	50.1	49.8	41.7	43.8	46.5
54	46.7	49.8	52.7	48.9	45.4	42.8	46.8
60	48.3	50.1	47.6	49.8	46.7	48.8	49.7
66	49.3	47.6	45.9	46.9	43.3	42.8	47.7
72	45.7	48.1	49.7	48.2	47.8	45.6	43.2
78	36.6	37.1	39.8	38.7	37.3	36.7	35.4
84	37.8	37.3	41.4	40.3	36.3	35.6	34.8
90	37.1	37.6	39.8	39.3	38.8	38.3	36.9
96	34.1	20.8	38.1	36.9	36.4	33.2	20.5

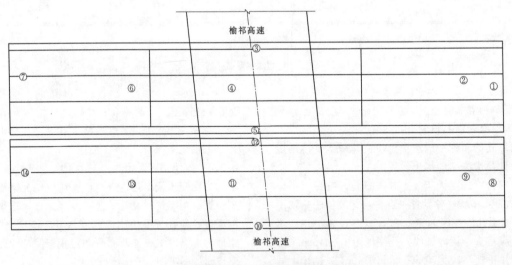

图 3　梁体内测温点布置图

4.4　测温方法和要求

根据测温孔布置绘制测温点平面图,各点按顺序编号。测温时按编号顺序进行,仔细读数,记入测温记录表,并上传至信息平台。工程部专业技术人员根据测温数据分析,控制调节混凝土养护的温度和时间。具体温度采集安排见表4。

现场测温结束时间:混凝土达到临界强度,且拆模后混凝土表面温度与环境温差小于15℃、混凝土的降温速度不超过5℃/h、测温孔的温度和大气温度接近。

表 4 现 场 测 温 安 排 表

测温项目	测温条件	测温次数	测 温 时 间
混凝土养护温度	20MPa 前	昼夜 8 次	每 3h 一次（根据浇筑混凝土时间）
	20MPa 后	昼夜 4 次	每 6h 一次
大气温度		昼夜 4 次	2：00、8：00、14：00、20：00 各一次
水泥、水、砂、石温度混凝土、砂浆出罐温度混凝土入模温度		每昼夜 3 次每工作班 2 次	7：00、15：00、21：00 各一次上下午开盘各一次

5 结语

榆祁桥现浇箱梁在施工过程与养护过程中，严格按照制订的方案实施（原材加热＋运输过程保温＋保温暖棚＋蓄热法＋蒸汽养护），使榆祁桥的施工前准备、施工过程控制、施工后成桥荷载试验、安全、质量管控方面效果较为明显。在浇筑完成后第七天，利用数字回弹仪、同条件混凝土抗压强度等多种手段检测混凝土强度，平均强度在 43MPa 左右，达到了 C50 混凝土强度 75％ 以上，证明了榆祁桥冬期施工方案各项措施切实可行，保证了现浇箱梁冬季施工质量。

本栏目审稿人：张建中

战略引导下的企业人力资源管理与文化浅探

董　娜　顾建新/中国电力建设集团有限公司

【摘　要】　人力资源是企业发展的基础，企业文化是企业发展的灵魂，人力资源管理与企业文化建设二者互相影响、相互依存。现代企业必须重视二者之间的互动关系，使其在企业战略目标的统领下互促共进，实现企业的健康长远发展。本文试从企业人力资源管理与文化建设的互动入手，分析二者在电建集团管理运行中面临的问题，并提出解决问题的意见和建议。

【关键词】　人力资源管理　企业文化建设　互动

随着社会经济的发展，通过促进人力资源管理与企业文化建设良性互动，来增强组织的核心竞争力，从而达到员工与企业共同成长，实现企业的良性发展，已经成为现代企业必须思考与研究的课题。尤其是国家改革发展面临新常态的今天，急需以战略统领、文化创新，引导全体员工正确认识当前形势任务，积极稳妥推进三项制度改革，提升企业人力资源管理水平，为企业增添新的发展动力。

1　人力资源管理与企业文化建设的互动机制与关系分析

所谓人力资源管理与企业文化建设的互动机制，即基于企业文化建设的人力资源管理，其获取与整合、控制与激励、培训与开发等各项基本功能的实现都受到企业文化直接或潜在的影响，同时，这些功能的实现又反作用于企业文化的形成与发展。

1.1　两者都服从并服务于企业的战略与发展

任何企业的良性发展，都离不开员工对企业的制度认同和价值认同。人力资源管理是通过具体的制度、规定、措施等，实现企业"人尽其用"；企业文化建设则是通过理念渗透与内外影响，使员工形成对企业价值观

的认同。以人为本、尊重人才、最大限度地激发人才的创造力、从而保证企业的战略实现与长足发展，既是企业文化作用于管理的目的，也是人力资源管理的首要任务。因此，二者都以员工为作用点，服从并服务于企业的战略与发展，具有共同的出发点与归宿。

1.2　企业文化建设为人力资源管理奠定基础

企业文化是组织内部凝聚成员向心力的共有价值和信念体系，对人力资源管理具有极大的动力功能、导向功能、凝聚功能和约束功能。企业文化可以丰富人力资源管理的内涵，增强人力资源管理的柔性，为企业人力资源管理创造良好氛围，为企业培养高素质人员奠定环境基础，更为员工的精神文化和行为活动提供良好的理论依据。因此，加强企业文化建设、引导员工认同企业理念，不仅是加快企业人才培养的有力途径，更是巩固企业与员工之间"心理契约"、提升企业核心竞争力的有效方式。

1.3　人力资源管理为企业文化建设提供支持

人力资源管理是企业文化建设的载体，是企业文化落实的途径，必须围绕企业文化建设来提升自身管理水平。只有通过有效的人力资源管理制度，运用正确、系统、完善的人力资源管理手段，"任人唯贤"地进行企

业人才的选、用、育、留，使企业形成尊重人、关心人、培养人的良好氛围，增加员工之间的信任度、尊重度、理解度和其对企业文化的认同感、对企业组织的归属感，才能发挥人力资源管理的最大效能，也才能保证企业文化的贯彻、落实、丰富和完善。

1.4 人力资源管理与企业文化建设互促共进

企业真正的资源是人才，企业发展的灵魂是文化。人力资源的管理过程也是企业文化的塑造过程，二者相互依存，互促共进。一方面，人力资源管理要围绕企业文化的形成与发展，将企业核心价值观的导向作用运用于人力资源开发与管理的全过程；另一方面，企业文化的形成与发展必须与人力资源的开发与管理相配合，才能实现企业文化的功能。如果说人力资源管理体系对员工的管理是一种刚性的管理过程，那么，企业文化对员工则是柔性管理，刚柔并济、合二为一，才能使员工的潜能最大化，从而保证企业在竞争过程中的人力资源优势。

2 电建集团人力资源管理与企业文化建设的矛盾表现

电建集团在几十年发展历程中，构建了架构科学、开放包容的企业文化体系，积累了丰富的文化建设经验和成熟的文化建设成果，其人力资源管理也经历了不断发展、升级迭代的过程。但由于电建集团为重组企业，具有经营地域广、业务领域宽、组织机构庞大、法人数量多、管理难度大等突出特点，且随着企业融合的不断深入，对人力资源统筹管理、人才队伍协调配置和企业文化价值创造的要求也不断提升。目前，电建集团人力资源管理与企业文化建设仍需深度融合，具体体现在：招聘甄选人员与企业价值观结合不够紧密，企业培训中对文化内容涉猎不够充足，员工绩效考核与企业文化挂钩不够紧密，员工激励机制与企业文化联系不够紧密等，这些都导致企业文化为发展助力、为改革坐镇、为稳定发声的价值发挥不够明显，长期以来形成的人力资源管理体系也已难以适应企业新的战略发展需要。如何处理好改革发展过程中人力资源管理与企业文化建设的关系，保持和维护团结、协作、融洽的员工关系，充分发挥文化引领与价值创造作用，是摆在集团面前的重要课题。

3 化解人力资源管理与企业文化建设矛盾的途径与建议

高度重视人力资源管理与企业文化建设的互动关系，做好二者的深度融合，把适合本企业经营特色的管理方式体现在相应的人力资源管理制度中，把企业文化建设贯穿到人才选、用、育、留的各个环节，把企业文化的核心内容灌输进员工的思想中、强化到员工的行为上，激发员工的积极性、主动性和创造性，从而保证人才"招得来、留得住、用得好"，确保企业长远高效发展。

3.1 招聘甄选要以企业价值观作为标准

企业文化建设的核心是员工价值观的建设。吃苦耐劳、拼搏奉献的行业品质，齐心协力、共渡难关的团队精神，这些饱满而正向的情感与责任因子构成了建筑企业的文化基础。电建集团在招聘新员工时，将用人标准与企业的这些价值观紧密结合。人员招聘计划的制订，要以企业价值观作为引导，并有相应的企业文化专家参与。招聘甄选过程的实施，要符合企业文化建设的要求，选用人员不仅要具有较高的专业知识与相应的工作技能，更要有与企业价值观比较吻合的思想观念。另外，企业在对新进员工进行入职培训时，也要在培训课程中适当融入企业文化的内容，这不仅可以满足企业的用人需求、为企业发展注入新的活力，更可以在一定程度上实现员工与企业共同进步、减少企业的人员流失。

3.2 培训开发要以企业文化思想为指导

管理理念的推广和认同，是一切管理效果实现的基础。员工培训作为人力资源管理的重要环节，其主要任务不仅包括增加员工的专业知识、提高员工的专业技能，更重要的还要将企业的价值观传递给员工，让企业所有员工都能从内心中认可企业发展文化，并以该文化来引导自身的工作行为，从而使员工自身的价值观能够与企业文化的价值观相吻合。企业文化与员工培训的结合，既包括职业培训，也包括非正式团体、非正式活动、管理竞赛、管理游戏等非职业教育。尤其是非职业教育，可在不经意中将企业价值观念传达给员工，并潜移默化地影响员工行为，往往起到事半功倍的效果，客观上加强了团结奋斗、共同创业、整体发展的效能。

3.3 绩效考核要切实体现企业文化精髓

绩效考核作为衡量员工业绩的标准，应将企业文化的要求融入员工的考核与评价中。绩效考核的实施需要优秀的企业文化作为引导，因为优秀的企业文化可以引领企业发展方向、调整员工的价值观念和行为准则，使他们在特定条件下采取正确行动，促进个人职业素质的提升和组织绩效的改进，进而优化企业组织结构、提高企业管理水平、实现企业战略落地。电建集团持续深化三项制度改革，建立"干部能上能下、员工能进能出、收入能增能减"的机制，激发员工潜能，同时，推进企业文化与生产经营管理同计划、同部署、同开展、同检查、同考核的管理体制机制，实行企业基本价值理念从树立、传播、落地、评价到调整反馈和持续改进的全过程管理。

3.4 内部沟通要真正推动二者良性互动

人力资源管理和企业文化建设的目的都是要最大限度地发挥人的能力，而良好的沟通对人力资源管理和企业文化建设都能起到事半功倍的作用。人力资源部门要高度重视沟通渠道的建立，保证信息无论自上而下还是自下而上的流动都能畅通无阻，让员工切实体会到企业为其负的责任，包括公平的薪酬体系、完善的福利待遇、充分的培训机会和畅通的晋升通道等。只有这样才能达到上下理解一致，给员工一种心理上的安全感和认同感，巩固员工与企业之间的心理契约，有效提升员工队伍的稳定性和忠诚度，进而形成活泼健康的企业文化，形成企业的核心竞争能力，从而企业提供源源不断的发展动力。

4 结语

"以人为本"不仅是人力资源管理的根本要求，也是企业文化建设的应有态度。人力资源管理与企业文化建设的结合可以是静态的，也可以是动态的，只有坚持战略引领、文化再造的原则，将企业文化要求始终贯穿于人力资源管理行为中，两者深度融合、互促共进，才能最大限度激发员工的积极性和创造性，提高人力资源管理的有效性，从而凝聚企业发展合力，永葆企业在竞争过程中的人力资源人才优势。

企业内部公开竞聘人才选拔机制探析

宁　炳/中国水利水电第七工程局有限公司

【摘　要】 企业通过公开竞聘选拔人才能够激发广大的员工活力，有利于人才成长，也被认为是企业人事制度改革的一大突破。但它是一把双刃剑，用得好，有利于人才脱颖而出；反之，则会降低单位的公信力以及挫伤员工的积极性，甚至会造成人才流失。本文对企业内部公开竞聘人才选拔机制进行了探索和剖析并提出建议，以供参考。

【关键词】 公开竞聘　人才选拔　机制

1　引言

企业的竞争，归根结底是人才的竞争；企业的发展，重点在于员工的全面发展。以人为本，不仅是科学发展观的本质和要求，也是人力资源管理的核心。企业要保持持续快速发展乃至长盛不衰，人才是关键。通过公开竞聘进行内部人才选拔，能够激发广大员工活力，有利于人才成长，是企业人事制度改革的一大突破。但是公开竞聘选拔人才是一把双刃剑，用得好，有利于人才脱颖而出；用得不好，则会降低单位的公信力以及挫伤员工的积极性，甚至会造成人才流失。笔者多次参与企业内部公开竞聘选拔人才，感触颇深，对公开竞聘的时机选择、制度设计、过程实施、选人用人原则、建立竞争和谐的企业文化等方面进行了探索和剖析，提出了一些肤浅认识，希望能起到抛砖引玉的作用，不断完善企业的选人用人机制，以最大限度地调动人的积极性，发掘人的潜能，从而促进企业实现科学健康可持续发展。

2　把握好公开竞聘选拔人才的时机

既然公开竞聘是一把双刃剑，要用好这把剑，首先必须要掌握开展公开竞聘选拔人才的时机。一般说来，当企业内部岗位出现空缺，已经有非常合适或者大家公认优秀人选的时候，应该采取直接考查聘任上岗的方式，不适合采用公开竞聘来选拔人才。这时候如果仍然通过公开竞聘方式选拔人才，选拔结果如果是大家公认最优秀的人才，广大员工会认为这是搞形式主义走过场；反之选拔结果如果不是大家公认最优秀的人员，广

大员工则会认为企业把公开竞聘当成一种手段和借口，这样会降低单位的公信力又挫伤员工的积极性，甚至会造成人才流失。

因此，一般来说，企业内部公开竞聘选拔人才的时机有两种情况：一是当企业岗位空缺时，通过绩效考核发现适合的人选很多但不能确定最佳人选；二是企业岗位空缺时，还没有发现合适人选，需要通过公开竞聘的方式来发现人才，做到人事相宜，人岗匹配。其他情况则不宜开展公开竞聘。

3　建立科学合理的公开竞聘选拔人才机制

公开竞聘作为企业竞争性选拔人才的方式之一，也是人力资源管理的重要内容。要做好公开竞聘人才选拔工作，必须要建立科学合理的公开竞聘人才选拔机制，主要做好以下几个方面的工作。

3.1　制定科学合理的职位说明书

企业要对公开竞聘岗位进行科学的测评和分析，找出职位胜任特征，根据胜任特征撰写出详细的职位说明书。公开竞聘岗位的职位说明书必须要体现岗位胜任特征，是切合实际和科学合理的。一是岗位工作职责和工作目标要求必须清晰，一定要详细并且最好能够量化，并作为任职后的考核标准；二是任职资格条件必须明确，不能模棱两可。任职资格条件最好不要出现"优秀者可以破格"的字样，如果确实要有这样的条款，就必须把哪些情况是属于'优秀者可以破格'予以明确，并且要明确哪些任职资格条件是允许破格以及哪些任职条件是不能破格的。这样主要是便于操作，更重要的是防止因"优秀者可以破格"导致选拔出来的人才不符合基

本任职资格条件。

3.2 建立科学的绩效管理制度

绩效管理是企业人力资源管理的三大核心支柱之一，在人力资源制度体系中具有举足轻重的地位。一个科学管理的企业必然具有适合本企业特点的绩效管理制度，这也是企业人力资源管理精细化的必然要求。绩效管理必须要贯穿到整个人力资源管理工作之中，是人力资源管理工作的核心。如果一个企业平时对员工业绩不进行考核，待提拔任用或者是公开竞聘时才进行突击考核，这样的考核往往是走过场，甚至是考核效果失真并且是没有任何实质性意义。

绩效考核制度必须要突出重点，抓住关键人员的考核。在企业中，首先必须建立一套科学并且是行之有效的管理人员和专业技术人员的绩效考核体系，要让被考核者知道考核制度的具体内容和操作流程；其次，必须要严格执行，要对绩效考核工作人员进行专项培训，防止考核走过场或者考核结果不真实的现象；再次，考核过程和结果应该公开、公示，提高考核的透明度，增加考核结果的可信度；第四，每次考核都必须实事求是地记录到考绩档案中，为以后的提拔任用提供可靠的依据。

绩效考核是公开竞聘的前提条件，通过考核有满意的人选时就应该直接聘任，没有必要通过公开竞聘的方式来走过场，否则会适得其反。凡是要参与公开竞聘的人员，必须要先查看其历史考绩档案或者先对其进行考核，考核结果应该在面试前予以确定，在面试结束后与面试结果一起公布。

3.3 建立科学的笔试和面试制度

笔试主要是考查竞聘者的专业知识、政策水平、技术理论功底、规章制度等。应该邀请相关的专家出考试题目，按照确定标准答案和评分标准，由专家给予评分。

面试主要考查竞聘者的口才、工作思路、管理理念、逻辑思维能力、应变能力等。面试的题目应该是开放式的，最好是一些辩论性题目，没有标准答案或者方向性答案，只要竞聘者回答问题有理有据、理由充分就可以得分，只有这样才能全面考查竞聘者的综合素质。如果把有标准答案的题目用来作为面试题目，这与面试考核的目的是不一致的。

面试评委应该由多方面的人员组成。面试小组由单位领导、竞聘岗位的直接领导、人力资源管理专家、心理专家组成，也可以邀请一些职工代表参与，分别给予不同的评分权重。最好由考评小组的成员各司其职，分别对不同考评要素予以评价，突出考评的重点，这样效果可能更佳。

面试成绩一般应当场公布，但是也可以经评委会讨论达成一致意见后延期公布。

3.4 建立科学合理的评分规则

企业公开竞聘的前提条件是岗位空缺，通过组织考核不能确定最佳人选或者没有发现合适的人选，因此考核应该是先行的。除了绩效考核必须科学合理外，资格审查、面试评分规则也必须科学合理的。

资格审查评分规则是用来评价报名竞聘人员的资格条件时使用，在报名参加竞聘人员相对多时择优确定候选人。人力资源管理必须遵循的原则是"适合是根本，拔高是浪费"。对一个专科生就能胜任的岗位没必要非得用一个本科生，一个中级职称就可以胜任的岗位也没必要非得用一个高级职称的人员去工作。所以一定要根据任职资格条件进行选拔，只要是符合任职条件的均应同等对待。

公开竞聘评分要素一定要根据职位胜任特征来确定，并且把不同的要素给予不同的权重，千万不能任何职位都采用统一的评价要素。

公开竞聘评分规则是公开竞聘的重点，必须做到既要科学又要合理，既要突出考评的重点，也要便于评委操作。

3.5 建立后续跟踪制度

企业公开竞聘制度下的人际关系包括竞选者之间、胜选者与落选者之间、胜选者与普通员工之间等各种关系。这种比较复杂的人际关系，使胜选者变得明哲保身，工作瞻前顾后，原则性不强。而落聘者不思进取，自认为落聘就等于被领导全盘否定，因而在工作中得过且过，缺乏锐意进取、改革创新的精神。甚至有的落聘人员还产生一些怨恨、抵触情绪，以至出现跳槽，造成人才流失。

企业为了减少和消除公开竞聘带来的负面影响，必须要建立竞聘跟踪管理制度，对竞聘上任人员、落聘人员和普通员工都给予全面关注。人力资源管理部门要不定期到所在单位进行民意测验和实地考察，听取各方面的意见，全面掌握他们各方面的情况，并加强人际关系的协调。同时还要加强政治思想工作，增强他们对企业的认同感、归属感，使每一个员工都有一种强烈的责任意识，一种对国家、对企业的奉献精神。

企业为了防止用人失察失误，任用前要将拟任干部的情况通过各种形式公之于众，接受群众监督。正式任命之前，应进行为期半年的试用，经考查合格者正式任职。任期结束，必须重新竞聘，而不是通过简单的评议即继续任职；相关待遇也只在岗位任期内有效，脱离岗位以后便不再享受原在岗期间的待遇，防止出现另一种形式的终身制。

4 公开竞聘选拔人才必须要做到公平公正

有位人力资源管理专家曾说过"一次不公平的公开竞聘造成的负面影响超过一百次不公平的人事任命"。可见，开展公开竞聘选拔人才必须要做到公平和公正，只有做到公开才能彰显公平和公正。"公开"包括信息公开、规则公开、流程公开、评分结果公开、注重群众的参与等。

4.1 信息公开

即做到公开竞聘的职位、数量、任职条件、岗位要求等信息的公开。增强选拔的透明度，促进监督确保广大职工的知情权、参与权、选择权和监督权；对所有竞聘者一视同仁、平等对待。

4.2 规则公开

公开竞聘必须要先确定竞聘规则，包括评分项目和标准等，让每一位参与者都清清楚楚，这样才能保证竞聘的公平性。

4.3 流程公开

公开竞聘流程，是让竞聘过程置于竞聘者和职工群众监督之中，也是为了保证竞聘的公平与公正。

4.4 评分结果公开

公开评分结果，是让大家知道获胜者获胜的原因，落选者落选的理由，要让胜选者和落选者都心服口服。公开竞聘也是一次绩效考核，知道结果找到原因才能有利于绩效的提高，也有利于获胜者继续努力，落选者改进不足。在企业中形成积极向上、比学赶帮的氛围。

4.5 注重群众参与

企业为了保证竞聘过程的公正，还必须邀请部分职工代表参与过程的监督，增加竞聘的透明度。

公开竞聘的原则是"择优录取"，其目的是为了选拔出最优秀人才，把优秀者放在合适的岗位上、充分发挥人力资本的作用。人都有长处和短处，用人要用人所长。只要员工的长处明显，短处对工作和团队没有决定性的负面影响就应该大胆使用。"木桶原理"说明决定木桶盛水的多少取决于最短的一块板，而在团队建设中，一个团队的活力取决于团队中所有成员的长处，用一部分人的长处去弥补一部分人的短处，使所有人员长短处得到互补，这样的团队才是最好的团队，无疑也是最强大的团队。

企业公开竞聘只是人才选拔一种方式，并不是人事制度改革的唯一目标。要用好公开竞聘这把双刃剑，充分发挥公开竞聘的作用，必须要形成一种竞争和谐的企业文化，把单一的"相马"变成"赛马"，从而既达到选拔人才又达到考核员工的目的。人力资源管理部门并不是只有在职位出现空缺时才开展公开竞聘，其实在平常的工作中，可以多组织一些类似"假如我是×××"的一些演讲或者征文比赛，并组织专家对参与人员进行提问或评分，并且把每次的结果作为绩效考核的一部分。一方面可以便于企业收集到建议和意见，同时也是发现人才、考核员工的一种方式，更重要的是要在企业内部形成一种竞争和谐的企业文化。

5 结语

随着社会主义市场经济体制的不断完善，特别是在深化企业体制改革和建立现代企业制度的新形势下，建立科学、规范、完备的人才选拔任用制度是促进企业又好又快发展的前提条件，是企业通过人力资源管理获取竞争优势的重要途径，也是深化企业干部人事制度改革的关键环节。因此，企业开展公开竞聘选拔人才一定要注意选择公开竞聘的时机，建立好科学合理的公开竞聘制度，过程中一定要做到公开、公平和公正，最终在企业内部形成一种竞争和谐的企业文化。

浅谈国际工程设备物资过境清关及转运管理

司圣文　李振收/中国水利水电第十三工程局有限公司

【摘　要】 本文结合刚果（布）凯塔公路项目设备物资过境清关及转运管理的成功经验，论述了设备物资过境清关及运输的策划、主要流程、采取的各种措施，保证设备物资安全及时到场，为项目成功履约，实现了可观的经济效益和社会效益。供海外类似项目过境清关及转运管理提供相关的借鉴与参考。

【关键词】 过境　清关　转运　管理

刚果（布）凯塔公路项目位于刚果（布）北部桑噶省，靠近喀麦隆边境。刚果（布）国家规定，炸药、雷管等火工材料，必须从黑角港进口，项目其他进口设备和物资都是从喀麦隆杜阿拉港口过境清关转运，到达刚果（布）北部韦索市，最终完成入境清关，陆路运输到项目所在地。

1 货物进口策划

刚果（布）是一个贫穷落后的国家，工业基础薄弱，设备物资匮乏，项目所需的设备及物资主要依赖进口。该项目合同额 2.1 亿美元，设备物资进口量大。作为水电十三局第一个在刚果（布）总承包的工程项目，该项目是刚果（布）市场的先驱和开拓者，承载着公司在当地的发展。进口的渠道有两条：一条是通过刚果（布）黑角港进口，境内陆路运输到项目所在地；另一条通过喀麦隆杜阿拉港口进口，转运到项目所在地。该项目中标后，多次组织商务和技术人员对两条进口通道进行实地考察和调研。

1.1 运输距离及路况

喀麦隆杜阿拉港口距离项目所在地约 1200km，运输路线当中约 2/3 的道路为沥青路，其余为土路，路况总体较好。

刚果（布）黑角港距离项目所在地约 1400km，其中黑角港到首都布拉柴维尔距离为 500km，项目施工期间，仅有 100km 沥青路，其他为土路，路况很差，雨季泥泞不堪，时常发生陷车、堵车等问题，严重影响了运输效率。从布拉柴维尔到项目所在地约 900km，项目实施期间尚有 200km 的土路，道路狭窄、坑坑洼洼，大型车辆难以通行。

1.2 价格

价格因素包括两方面：清关价格与运输价格。就清关价格而言，整套转运手续费比刚果（布）境内直接清关费稍低；转运运输费约占刚果（布）黑角港到项目所在地运输价格的一半。

1.3 清关及运输合作伙伴

喀麦隆杜阿拉港口作为中西非区域的一个大型港口，有较多的清关公司、运输商可供选择；刚果（布）黑角港吞吐量较小，有能力的清关、运输公司很少。

综合考虑以上因素，最终选择杜阿拉港口转运过境。

2 喀麦隆境内清关及转运管理

2.1 清关代理及运输公司的选择

喀麦隆境内对境外进入的车辆管理严格，需要办理通行证等各种手续，道路沿线海关、警察、宪兵及公路局等检查站密集，专盯境外车辆，总会找各种理由罚款或扣押车辆，罚款数额大。若该项目部组织车辆运输，存在司机不熟悉运输路线，路况复杂，安全事故高发，管理难度大，风险大，因此，货物由当地运输公司承运。

清关代理、运输公司的选择主要根据其背景、资质、地缘优势、注册资金、业绩、收费方式及价格等进行选择。可以选择三家以上有实力的公司进行谈判，最终选择价格合理、业绩突出、资金雄厚的一家公司作为合作方，签订正式合同。清关及运输选择同一家公司，可以避免清关与运输之间衔接不畅的问题，避免清关和运输不及时而导致滞港费、滞箱费分配问题，减少项目部商务人员与各公司之间的联络与协调。

喀麦隆境内大的清关公司有 SDV、GETMA、DAMCO。SDV 公司虽为法国一家国际知名大公司，能够提供门到门全程服务，但其当地职员办事效率低下，办事能力差；部门之间沟通不畅，易导致货物清关延误；报价高，服务质量不高。喀麦隆 SDV 与刚果（布）SDV 业务上不联系，导致货物到刚果（布）韦索清关时不顺畅，这与最初在两个国家选择同一家清关公司的初衷相悖，该项目最终选择 DAMCO 公司负责喀麦隆境内清关，其价格、办事效率、服务质量等方面相对较好。

当地大的运输商有 SDV、UTA、3T 及嘉禾运输公司。该项目部与前两家有过合作，合作较好的仅有 UTA 一家，其他运输公司的运力、运输价格、付款条件等都没有优势。

SDV 虽能提供全程服务，基于上述因素，项目部没有选择该公司，而是选择了两家公司分别进行清关与运输，这就需要针对每批货物，及时与清关公司和运输商进行联络与协调，确保双方工作能够有效衔接。

2.2 清关流程

为了设备物资顺利清关。在设备物资到达港口 10 天前，需要给清关公司提供如下资料原件：清关发票、装箱单、提单（背书）、保险单、原产地证明、清关指令。清关公司在收到单据后，会及时给项目反馈，由于文件递交不及时而产生的清关延期费用，由项目部承担。免费的清关期限为 11 天，清关公司要在 11 天内完成清关，通知运输公司安排车辆进入港口装车。在喀麦隆过境清关，不需要打开集装箱核对货物明细。

11 天免费期后，集装箱要缴纳滞港费。滞港费收费标准：第一个 10 天，20 英尺（1 英尺＝0.305m）集装箱 600 西非法郎/（天·个），40 英尺 1200 西非法郎/（天·个）；第二个 10 天，20 英尺集装箱 2400 西非法郎/（天·个），40 英尺集装箱 4800 西非法郎/（天·个）。

设备超过 11 天的免费期后，第一个 10 天的滞港费为 17000 西非法郎/（天·台）；第二个 10 天的滞港费为 42000 西非法郎/（天·台）。

2.3 货物运输

运输货物时，运输公司不需要项目提供文件，所需要的一切运输手续和文件均由清关公司负责办理。喀麦隆和刚果（布）同属中非六国经济共同体，在货物清关及转运方面存在许多便利条件，运输车辆可以直接越过边境，将货物运到项目所在地，接收人员查验货物，签

字运输接收单，以备凭证。

2.4 清关及转运管理

当地清关及转运公司职员普遍存在办事拖拉、效率低下的状况。为加快清关及转运工作，项目部指派一名法语翻译常驻杜阿拉，加强与清关公司及运输公司的日常工作联系，不定期检查清关公司及运输公司的工作，督促其完成工作。

为加强监管，每天晚上清关公司要将货物到港及清关完成情况通过邮件发到项目部邮箱，项目部结合现场施工进度完成情况，先安排清关公司对现场急需的货物进行清关，以保证施工进度。

当地路况复杂，转运周期长，当地司机职业操守不好，为保证货物安全及时转运，要求运输公司为每辆车辆安装 GPS 定位系统，实时动态管理运输车辆。每天运输公司要将每辆运输车辆的位置及预计到达时间通过邮件发给项目部，便于项目部了解运输状态。在货物运输不能满足合同要求时，及时催促运输公司采取增加车辆等措施，加快运输速度。

发生货物损坏的时候，在收货之前与运输商负责人进行沟通，运输商联系人到现场作证或者拍照等方式确认赔偿后，再收货。

3 刚果（布）境内清关流程

当货物抵达刚果（布）边境韦索市时，需要完成货物清关程序，才能顺利通关。一般在货物到达前一周，应将所有的清关资料递交给清关公司，刚果（布）境内的清关公司为刚果 SDV，需要递交的资料清单：发票（原件）、装箱单、原产地证明、提单、进口申报单、泰纳商检报告及电子跟踪单。进口申报单在刚果（布）韦索市就可以办理，办理时间一般需要 3 天。泰纳商检报告的办理，首先用货物的形式发票做进口申报，拿进口申报单到布拉柴维尔泰纳商检处取得商检号，将商检号发给国内的货代，由货代和上海的商检部门联系检查事宜。货代将发票、装箱单及提单发到布拉柴维尔泰纳商检处，等一周会拿到泰纳商检报告。

货物到达韦索市，需要办理清关手续，缴纳关税。清关时，海关人员会开箱检查货物。货物和装箱单一致后，才会放行，检查不一致，海关会扣押货物，要求进口方解释，并开始冗长的办理程序，直到重新核税，补交关税，缴纳高额罚款后，才会放行。应加强核查货物单证，减少出错的可能，从而加快清关速度，减少不必要的罚款，减少在时间和财力上造成不必要的损失。特别是设备配件种类繁多，单证的制作相对较难，单证制作要详细、仔细，避免出错。韦索清关效率较快，一般 3 天可完成全部清关手续。如果清关超过 3 天的清关期限，运输商会索要额外的滞车费，费用一般为 20 万西

非法郎/(天·车)。

4 结语

货物在进口前，一定要做好货物的进口策划，从时间、费用、货物安全等方面慎重选择海运进口港、内陆运输路线、清关公司及运输公司。

项目商务人员应熟悉货物进口清关方面的法律法规，避免缴纳不必要的额外费用。

做好货物的跟踪工作，提前准备好清关所需资料。避免由于清关资料递交延迟，导致货物滞港而承担滞港费用。货物迟到工地，将影响施工进度。

在与清关公司、运输商订立合同时，须特别明确滞港及滞箱费用的责任方。该项目与运输商订立合同时，特别规定清关后由于运输商运输不及时而产生的滞箱费及滞港费，全部由运输商承担，避免了项目部损失。合同条款尽可能考虑周全，将各个环节双方的责任义务规定清楚，以免日后双方扯不清，造成不必要的纠纷。

项目过境转运集装箱 304 个、设备 306 台套，通过过境清关及运输管理，仅运输费一项就节省 195.2 万美元，保证了设备物资安全及时到达工地，保证了施工进度，工程成功履约，提高了公司在当地的知名度，打开了当地的建筑市场，实现了可观的经济效益和社会效益。

EPC 工程项目重点环节质量控制探究

王建伟/中国电力建设股份有限公司

【摘　要】 当前，EPC 工程总承包模式越来越成为国内重大项目建设的发展趋势。本文结合中国电力建设股份有限公司承建的 EPC 工程项目实际，分析 EPC 工程质量管理存在的问题，探索在设计、采购、监造、施工等重点环节的质量控制问题。

【关键词】 EPC 工程项目　质量管理　重点环节

1 引言

近几年来，随着工程建设模式的变化和发展趋势，中国电力建设集团（股份）有限公司（以下简称"股份公司"）积极组织成员企业进入 EPC 工程总承包领域，一些勘测设计企业通过开展工程总承包业务，企业规模和利润总额得到了快速提升，综合实力得到了加强，一些施工企业通过与设计企业跨板块强强联合，工程总承包的规模进一步增大，承包模式更加多样化。据 2018 年末统计，EPC 工程总承包业务新签合同额占股份公司的 46.5%、营业收入占股份公司总营业收入的 27%，EPC 工程总承包合同的签约和实施，彰显了股份公司全产业链设计采购施工一体化能力，也为后续的水电、抽水蓄能等工程建设市场产生了示范引领作用。在扩大经营规模、成为新的利润增长点的同时，从事 EPC 工程总承包的成员企业在质量管理方面进行了有益的实践，但同时在工程组织管理、质量管理上还存在不少薄弱环节和问题，需要在设计、采购、监造、施工等重点环节进一步加强质量管控。

2 EPC 工程质量管理存在的问题

2.1 低价中标埋下质量隐患

总承包企业在开拓 EPC 工程市场的同时，为满足本单位市场营销指标，未充分开展投标分析和策划，采用低价中标方式拿到工程，后期往往采取不合理的"优化"设计，控制采购成本，压缩工期、施工费用等方式和措施，无形中造成后期采购的设备、材料质量差、施工阶段工序减少、工艺粗糙，实体质量和外观质量缺陷

多，为工程安全有效的运行埋下了较大质量隐患。

2.2 总承包项目管理体系不完善

总承包企业和设计、施工等分包企业由于管理组织、模式、文化理念不同，致使总承包项目部管理团队未在现场尽快融合，未及时建立统一的质量管理目标和有效的内部管理运行机制；工程组织管理能力差，质量管理工作要求"政令不通"、落实不到位；现场施工环节被分包商"绑架"，各分包商施工作业面质量标准不统一、各行其是，工程实体质量得不到有效保证。

2.3 设计、采购、施工环节脱节

总承包工程项目管理组织松散、经验不足、特别是目标利益分配不均衡，造成 EPC 工程施工图设计交付跟不上现场施工的需要；设备招标、选型、采购滞后，造成设计变更和交付延迟，现场施工环境和条件与设计意图出入较大。EPC 各环节的脱节严重影响项目的正常施工程序和工期，对工程实体质量和外观质量造成潜在重大影响。

2.4 设计质量不高

设计人员在设计输入条件不明确的情况下开展施工图纸设计，造成设计深度不够，不利于施工和设备安装；设计各专业间接口有偏差，未充分沟通，造成现场设计变更多；设计周期短、设计能力经验不足，设计方案缺乏技术经济性比较；设计标准规范选用不严格、不准确，导致不能完全满足招标合同要求、实现业主意图。

2.5 设备采购、监造质量重视不够

设备招标文件编制不全面，设备的性能参数配置不

合理；对设备供应商、监造分包商的资质、质量管理程序、能力审核不到位、日常监管不到位；对重点设备、重要工序的现场监造缺失，过程检验、检测不足；对设备的安全运输和包装仓储不重视，现场验收形式化。

2.6 施工环节质量控制薄弱

现场施工质量管理策划、计划、保证措施不全面，未层层分解质量目标，落实各方质量责任；图纸会审不严格，设计交底不全面，设计现场服务不到位；设备、材料和中间产品的验收、检验不符合要求；对分包商施工组织设计、施工方案的审查不全面，缺乏针对性；重点部位、重要工序、隐蔽工程的现场监督、旁站、检查缺失。

3 EPC 工程项目质量控制对策

3.1 规范 EPC 工程投标行为是前提

在开发 EPC 工程市场时，充分了解业主意图，精心组织技术、经营等专业人员按照招标文件和相关技术标准和规范，进行项目的经济分析和策划，准确进行项目定位，坚持"有所为、有所不为"的原则，坚决摒弃盲目扩大规模、不求质量的市场开发行为，有效杜绝项目低价中标引发实施阶段的工程质量问题。

3.2 开展全面策划是基础

EPC 工程总承包企业利用自身综合优势，与业主积极沟通、交流，及时掌握业主工程管理需求，并与联营单位、分包单位充分协调进行优化组合，在工程实施前，提前策划项目设计、采购和施工全过程的质量控制，从工程建设初期消除质量不稳定因素，努力实现工程质量与投资、工期的最佳组合和效益最大化。

3.3 健全完善总承包项目管理体系是根本

EPC 总承包企业以总体目标、利益为中心，采用矩阵式管理模式，缩短管理链条，开展扁平化管理，建立、健全总承包项目部组织机构和质量管理体系，实现项目部管理团队的深度融合，明确工程参建各方义务和权利，各司其职，各负其责，制定并完善基于实现项目管理目标的项目总体、分项质量计划、管理程序、作业指导书，并确保各项管理指令和要求在项目现场标准统一、监督落实到位。

3.4 统筹兼顾、适度前移 EPC 各环节是重点

EPC 总承包企业在实施 EPC 项目之前，要加强设计、采购、施工等环节的总体策划，兼顾各环节中互相联系和制约的上下游工作，把业务链中部分工作适度前移或同步交叉实施。如主机/主要辅机设备招标、设计

院与设备厂家及其内部配合、专业设计、材料选型、便于施工的设计优化方案等。统筹策划和实施，合理安排设计、采购、施工各阶段工作，规避因抢工期等因素对工程实体质量的影响。

3.5 提高工程设计质量是保证

EPC 总承包企业在项目设计前期，组织各专业进行合同分解和限额设计策划，并邀请施工单位等，对工程量大或关键重要的项目进行专题方案优化；严格依据规范标准，科学建立设计计算模型，以设计院内部产品审核流程为依托，做好设计质量的管控；尽量保证初步设计/可研设计/施工图设计等不同阶段保持不变或基本不变；把握设计深度，在方案设计、初步设计、施工图设计中充分满足估算、概算和预算需求，在保证工程质量的前提下，努力使做到技术与经济的有机结合。

3.6 设备采购和监造质量是保障

EPC 总承包企业要通过设备招标选定技术实力较强的设备生产厂家和设备监造单位，加强资格、资质、能力审查，特别是加强对设备供应商质量管理程序、检验试验计划的审核；委托设备监造分包单位对采购设备的生产制造过程进行驻厂监造，规范工序、工艺要求，特别是对重要设备、特殊工序加强现场监督和检验；强化设备监造分包单位的日常管理和监督，及时反馈业主、设计对设备指标、性能相关要求，解决设备制造过程中出现的质量问题。

3.7 强化施工阶段质量控制是关键

EPC 总承包工程质量控制中最为重要环节即为施工阶段的质量控制，这个阶段将直接体现设计阶段和采购阶段的工作成功。EPC 总承包项目部要严格实施、落实EPC 质量管理计划，施工分包方应层层分解落实 EPC总包方质量目标，严格执行工程建设强制性标准条文，规范质量行为；组织设计、施工、监理等单位开展设计交底和图纸会审，重点审查设计方案、设计深度、设计接口、设计安全等内容，对审查出的设计问题要实施闭环管理；加强设备到货验收工作，组织监理、施工、供货厂家等单位进行联合验收，严禁不合格的产品、材料进入现场，同时加强设备、材料的仓储和场内运输；严格审核、批准施工分包方的施工组织设计和专项施工方案以及其他应许可事项，并监督落实；强化对单位、分部、分项工程中的关键部位、薄弱环节的过程质量监控，及时组织相关方开展隐蔽工程、重点部位的验收和质量通病的预防；组织开展质量会议、质量检查、质量培训、技术交底、质量活动等基础性质量管理工作。

4 结语

EPC 总承包工程的质量管理和控制是非常复杂的一个系统工程，它涉及工程建设的全过程、全员，涉及的专业知识多、持续时间长、工作流程复杂，这些特点无疑增加了工程质量的控制风险。因此，在 EPC 工程总承包模式框架下，必须优化整合总承包企业和设计、施工、设备制造等分包商的资源优势，必须以项目管理为核心，健全完善管理体系，减少中间管理环节，强化过程质量控制，以确保工程建设的总体质量目标。

浅析 PPP 项目工程量清单定价问题及应对策略

张耀泽/中电建路桥集团有限公司

【摘　要】　PPP 项目缩短了项目建设前期准备工作，将部分工作后置于引入社会资本之后进行，但社会资本往往在项目计量计价上没有定价权利，仍需政府审批定价。本文基于"351 国道龙游横山至开化华埠段公路工程（常山段）" PPP 项目，分析此类项目如何在清单定价方面有所作为。

【关键词】　PPP 项目　清单　定价　问题　策略

1　引言

随着基础设施建设领域近十年来高速发展，政府债务风险逐年增加，财政资金越发紧张，信用融资能力下降，基础设施领域 PPP 模式越来越多地被政府采纳。PPP 项目有的在投资概算甚至估算阶段即进行了招标，缩短了项目全寿命周期，但同时，中标边界条件与传统的工程量清单招标控制价招标模式发生了根本性的改变，往往是以概算甚至估算作为投标报价作为竞价参考，中标后再进行工程量清单定价，按中标下浮率下浮作为结算、决算的依据。直白的讲，实际上客观存在先中标后定价的事实。那么在此类项目的经营管理工作中，项目团队应在项目进场后，找寻明确的目标，制定针对性的思路、策略，才能最终为企业争取利润空间。

2　项目概况及合同背景

2.1　项目概况

本项目位于浙江省衢州市境内，属于交通行业公路工程新建项目，项目线路总长 27.98km，主要分部工程包括：临时设施、路基、路面、桥梁、隧道、机电、交安、站房等工程。项目采用一级公路标准设计，桥涵设计汽车荷载等级为公路I级，一般路段设计速度 80km/h。

2.2　项目中标条件及合同边界条件

本项目中标通知书约定为：项目合作期为 18 年，运作模式采用 BOT 模式运作，本项目投资估算总额为

25.11 亿元，其中建安费 16.93 亿元。中标价为：项目投资回报率为同期中国人民银行公布的五年期以上贷款基准利率×（1＋7.55%）；建安费下浮率为 11%；预防性养护费、中修和大修费下浮率为 8%。本项目 PPP 合同边界条件约定为：项目实际投资以经审计的竣工决算价为准。其中，建安工程费按照工程量清单进行计价，工程量清单预算以政府审价机构审核确认的价格为准，按照中标建安费下浮率下浮后计算建安费，最终建安费金额以竣工决算审计为准，据实计量。

3　深入分析合同，明确定价目标

项目实施以合同为蓝本。项目团队应擅长分析合同，从中寻找解决问题的办法。根据本项目中标边界条件以及 PPP 合同约定，项目中标合同总价为暂定价，仅作为投资控制的上限，项目实际投资以工程量清单预算价为过程控制依据，按照清单计量计价部颁 09 招标范本进行计量结算，最终以竣工决算价为准。因此，从合同可以理解到以下几点：一是政府招标的初衷，以及项目总投资控制在 25.11 亿元；二是本项目建安费除后期变更外，控制在 16.93×（1－11%）＝15.07（亿元）；三是本项目并非概算包干合同而是单价合同。因此，本项目定价目标为确保 15.07 亿元，并且同时保证各分项工程综合单价水平。

4　制定区别于传统竞争性清单招标报价的定价思路

从本项目的背景中可以理解，本项目先中标后定

价，与传统的竞争性清单招标项目是非常不同的。项目团队必须清晰认识这点，找寻与传统模式投标清单报价的不同，从而制定出此类 PPP 项目清单定价的思路。本类项目与传统清单招标项目不同之处主要体现在以下几个方面。

4.1　控制价不同

传统的工程量清单招标模式，多是由招标单位编制工程量清单，设定招标控制价，是基于工程量清单模式的控制价，而本项目是以概算作为招标控制价的，造价空间更大。

4.2　编制单位不同

传统的工程量清单报价是由施工企业自行编制工程量清单，进行投标报价，中标后作为签约合同价，而本项目是由政府聘请咨询单位进行编制，编制完成后由双方协商一致上报财政局审批。对于施工单位来讲，丧失了报价的主动权。

4.3　报价依据不同

传统的工程量清单报价是企业根据自身的施工能力，依据企业定额、分包经验进行综合报价。而本项目清单报价口径是依据部颁定额结合国家、交通部、浙江省地方取费标准进行综合报价。

4.4　审核单位和审核程度不同

传统的招标模式是由投标人报价，由评标委员会审核是否满足招标文件限价要求，是否满足招标单位要求，只要满足，中标后即可作为项目合同价。而本项目工程量清单报价是由财政局审核，财政审核主要站在投资控制的角度审核，且一般聘请第三方咨询机构审核，在报价的工程量、单价、取费、程序等各个方面进行全面审查，审查的角度、深度、广度、力度与前者完全不同。对于企业来讲，将面临清单报价的多层审核（实施机构、第三方咨询、财政），层层把关，稍不注意，可能会造成较大的审减。

综上所述，经过比较分析，本项目的定价思路应排除不平衡报价法，而是应采取合理定价的思路，详细的说应基于部颁定额以及地方定额站颁布的信息价，并非企业定额，在此基础上通过施工方案比选、施工图纸给定的施工方案争取定额子目选取上的利益最大化，在应对层层审核过程中，做到有理有据有节。

5　具体问题，具体分析应对

有了明确的目标，有了整体的思路，那么怎么进行实际操作，就需要管理团队具体问题具体分析，见招拆招。本项目主要涉及以下几个主要方面的问题。

5.1　工程量错漏问题

一方面公路工程属于线性工程，线路长，设计院对施工图设计文件编制深度不足，仓促出图，必然导致施工图图纸工程量有错、漏项；另一方面，咨询单位在编制清单预算时审图不仔细，往往不核对细部图纸，仅在工程量汇总表中选取数据。本项目工程量清单错漏项主要涉及以下几个方面：清理现场遗漏灌木、竹林砍树挖根工程量，汇总表漏记取弃土场工程量、漏记排水沟工程量，汇总表路面加筋网工程量错误，结构物台背回填级配碎石工程量错误，隧道工程中锁脚锚杆工程数量漏记，铺底自防水混凝土工程量错误，初期支护格栅拱架型钢拱架漏记连接钢板、螺旋、拉杆及垫圈工程量，漏记孔口管工程量。

应对策略：工程量错漏问题需做好两方面的工作：一是图纸本身的错漏问题，二是图纸与实际不符，将来有可能导致变更的问题。为此，首先要组织技术精干力量，集中办公，全面梳理全套施工图纸，逐桩号详细审查工程量，建立工程量 0 号台账（台账式样见表 1），查找图纸本身的错漏问题。台账应列明清单工程量、图纸工程量、工程量差、清单金额、图纸金额、金额差、分项工程子目号，桩号位置，图号等信息。其二，组织技术力量现场调研，对于将来可能引起变更的工程量错漏项问题进行梳理。通过组织、勘察、设计、监理及业主进行设计回访，将错漏项问题以补充设计图纸方式给予纠正，减少工程变更。复核效果列表上报政府审查（复核表示样见表 2），清晰明确。

5.2　清单漏项问题

一般情况下，工程量清单不会出现漏项，但是 PPP 项目一般包括整个项目从建设到运营的全过程。经常会出现漏掉全寿命周期中应考虑到清单里的费用，比如工程保险费、临时用地费、保通措施费。此外，一些采用非常见的工艺或者新工艺、新材料、新方法、新设备时，由于清单编制人员对工艺不了解，对计量规则不熟悉，就会因此造成分项工程工艺漏项，甚至缺失整个分项工程。比如本项目所处地区为喀斯特地貌，且溶洞埋深，需钻孔注浆，清单编制人员不熟悉，漏计钻孔工序。此外还有钢结构梁的现场拼装、有关四新试验检测等。

应对策略：第一步以 PPP 合同为蓝本，全面梳理全寿命周期过程中需施工单位承担的工作内容，建立工作内容清单。第二步熟悉清单编制规则，按照清单编制规则，计入 100～900 章工作内容。例如，保通措施费计入清单 100 章，总价包干，以"项"计；工程保险费，按照千分之三计入总额，计入 100 章，非总价包干，计量时按照保单、发票据实结算；钻孔费用、钢结构桥梁相应计入 400 章，单价项目，计量结算。

表1

0 号 台 账 式 样

清单编号	项目内容	单位	单价	工程量			金额		
				清单工程量	图纸工程量	工程量差	清单金额	校核金额	金额差
101-1	保险费								
-a	按合同条款规定，提供建筑工程一切险	总额	4529517.95	1	1		4529518	4529518	
-b	按合同条款规定，提供第三者责任险	总额	20000	1	1		20000	20000	
102-1	竣工文件	总额	500000	1	1		500000	500000	
102-2	施工环保费	总额	1772051.2	1	1		1772051	1772051	
102-3	安全生产费	总额	22715832.51	1	1		22715833	22715833	
102-4	信息化管理费(暂估价)	总额	2000000	1	1		2000000	2000000	
103-1	临时道路、桥涵修建、养护及拆除(包括原道路、桥涵的养护费)	总额	12583061	1	1		12583061	12583061	
103-2	临时占地	总额	3994000	1	1		3994000	3994000	
103-3	临时供电设施(设施架设、拆除、维修)	总额	2806798.85	1	1		2806799	2806799	
103-4	电信设施的提供、维修与拆除	总额	101945.03	1	1		101945	101945	
103-5	供水及排污设施	总额	627715.95	1	1		627716	627716	
104-1	承包人驻地建设(含标化工地建设)	总额	8967370.72	1	1		8967371	8967371	
—	第100章 总则 合计						60618294	60618294	
202-1	清理与掘除								
-a	清理现场(含清除表土、砍树挖根及夯实)	m²	8.44	706459	706459		5962514	5962514	
202-2	挖除旧路面								
-a	挖除水泥砼面层	m³	187.53	809	810.00	1	151712	151899	187
203-1	路基挖方								
-a	挖土石方	m³	21.58	2457253	2457256	3	53027520	53027584	64

表2

复 核 表 (示 例)

序号	工作内容	清单子目号	计量单位	工程量错漏数量	综合单价/元	影响费用/万元
1	挖除灌木、竹林及胸径小于10cm砍树挖根	202-1-a	棵	85294	303.53	721.67
2	结构物台背回填（级配碎石）	204-1-c	m³	60302	217.38	1310.84
3	M7.5浆砌片石沟渠	215-6-b	m³	26226	136.76	1393.81
4	铺底自防水混凝土	502-5-a 502-5-b 504-1-a 504-2-a	m³	72522	42.49	308.15
5	……					

5.3 工艺过于常规，无法满足实际需求

工程量清单编制原则一般是按照常规的施工工艺进行组价，但由于编制人员对现场不了解，缺乏对实际现场的踏勘，仅仅依靠图纸想象，造成施工工艺方法与施工不匹配，造成实际工艺成本高于清单给定的造价水平，对施工企业造成亏损。例如，351项目涉水桩共计100余根，清单编制仅考虑全部采取筑岛围堰的施工措施，经过现场实际踏勘，涉水桩绝大部分在常山江，而当地梅雨季暴雨频发，常山江在汛期兼做泄洪通道，因此，围堰在汛期将面临反复修筑，反复冲毁，且污染河道，不能满足环保要求，应考虑水中钢平台的施工

措施。

应对策略：组织技术、生产人员，深入理解施工图纸，详细踏勘施工现场自然与社会环境，编制项目实施性施工组织设计，对于特殊分部分项工程，提前谋划施工方案，与清单所采取的施工方案进行比对分析，对于清单中不合理的施工方案进行调整。

5.4 地方政府依然用"老规矩办新事"

PPP项目的实施，很多地方政府、实施机构、招标机构并没有转变观念，对PPP的理解不到位，经常习惯把地方习惯性做法直接套到PPP模式当中来，强加给投资人。这种现象在工程量清单预算协商过程中也有体

现。比如本项目施工环保费，传统的施工招标模式标段较小，根据地方文件规定，施工环保费顶格 60 万元，但 PPP 项目往往体量较大，线路也更长，本项目沿线 507 根桩基，光泥浆池费用就不止 60 万元，地方政府依旧用老规矩办新事，显然不妥。

应对策略：由于这类文件往往比较陈旧，且属于地方规定，因此，并非无懈可击。首先需要经营人员树立信心，不能认为地方规定就必须执行。其次，查找文件出处，理解文件的出发点及其历史背景，从适用性、时效性方面去寻求突破。此外，可搜集全国其他省份文件做法，积极与地方政府沟通协商，需求站在上位法（合同约定、合同法）或者其他省份合理做法角度去积极争取，寻找解决办法。

6 结语

工程量清单定价是项目至关重要的一环。项目的价格水平可以说就是工程成败的关键，在清单定价上，项目团队应把握机会，积极运作，合理争取。项目团队需做好以下几个工作：第一，研读 PPP 合同，分析中标边界条件，明确定价目标，这点是出发点、立足点。第二，分析清单编制口径，分析与传统投标报价的不同之处，理清思路，这点至关重要。第三，组织技术骨干力量，建立工程量清单 0 号台账，梳理施工图纸错漏工程量，这点是基础。此外可以与设计院沟通 0 号变更工作，将建设风险前置，借助清单定价阶段减少后期变更。第四，结合现场实际，制定有针对性的实施性施工组织设计、专项施工方案，在清单定价阶段力争按照项目实际方案进行组价定价，但注意分析经济性，对单价有利的施工方案问题可不谈、避谈。此外，建议借助有经验的咨询机构或者造价人员，对清单定额、取费程序按照全面审查法进行逐项核对，解决清单编制环节的错误或者取费错误问题。

浅谈国际工程项目进度计划管理

魏　杰/中国电建集团港航建设有限公司

【摘　要】 随着我国"一带一路"倡议进一步向纵深发展，越来越多的企业也在加快"走出去"的步伐，在这个过程中由于经营理念的不同和固有的"重施工，轻合同"的管理模式引发的教训也是极为深刻的，当然我们也逐渐意识到国际项目管理的核心其实是合同管理，而合同管理的基础是进度计划的管理。本文结合肯尼亚内罗毕外环路项目，对国际工程项目进度管理进行分析与探讨。

【关键词】 项目管理　合同管理　进度计划　FIDIC

1　概述

肯尼亚内罗毕外环路项目作为中国电建集团港航建设有限公司在东非市场中一个典型的市政项目，面临较多的外界环境的干扰，存在多处交叉施工，同样在实施过程中也存在反复修改图纸、征地延误等普遍性问题。项目在管理过程中立足合同，结合现场情况加强进度计划管理，兼顾质量和成本，最终成功的规避了潜在的履约风险，实现了效益最大化。

首先，在项目履约过程中，标准规范和特殊条款可以作为质量管理的量化依据；人工、材料和设备的市场价以及定额可以作为成本管理的基准和目标；只有进度管理的过程相对灵活，每一个工程项目所有的外部环境和内部因素都不尽相同，因此进度管理并无固定经验可循。

其次，业主和承包商一般在合同中对单个工程项目的开工时间和完工时间做出明确规定，随后项目履约过程中进度安排的合理与否，以及双方的责任划分是否明确，就决定了整个项目进度管理的成败，而进度又经常是业主方评价一个承包商的主要形象因素。

2　进度计划在国际工程项目管理中的作用

进度计划作为进度管理的纲领性文件，首先对于承包商进行资源配置、进退场时间安排以及材料采购进度具有决定性的指导作用；其次这也是其他项目参与方，主要是工程师和业主方，进行己方工作安排和判断责任分担的依据。下面以 FIDIC 标准合同在肯尼亚内罗毕外环路项目中的应用为例说明进度计划在国际工程项目管理中的作用。

2.1　进度计划对于业主方人员的作用

FIDIC（"菲迪克"红皮书2017版）条款8.3规定：承包商应在收到开工令后28天内提交初始进度计划。当初始进度计划不能准确反映实际进度或者与承包商责任不一致时，承包商应提交修改的进度计划……工程师应对承包商提交的初始进度计划和每一个修改进度计划进行审阅……

项目部管理人员在入场后立即组织各部门人员根据可利用资源情况，编制实施性进度计划，并于规定日期内提交至工程师。

工程师主要通过初始进度计划和修订的进度计划对承包商的现场进度进行监督和指导，并代表发包方提出可行性建议，以规避因工作安排不合理引起的进度延误；同时工程师借此全程了解和掌握承包商的过程管理信息，以便在出现单方面延误或共同延误的情况下，相对公平的对合同双方的责权利进行划分。另外工程师根据承包商提供的进度计划，合理安排己方的工作内容，避免因双方沟通不及时引起工作延误。

2.2　进度计划对于承包商的作用

承包商在编制详细进度计划的过程中，一方面对整个项目的资源需求和调配进行了系统梳理，对各工序的执行难度做到了统筹兼顾，也明确了项目的潜在风险点；另一方面将业主方的责任也进行了详细的梳理，并列入初始进度计划，为后期的争议解决工作打下了良好的基础。

2.3　进度计划对于争议处理的作用

FIDIC（"菲迪克"红皮书2017版）条款8.5完工

日期的延长、条款 8.6 当局引起的延误和条款 8.10 业主原因引起的暂停等条款，列举了部分非承包商原因引起的工期延长的情况；条款 20 业主和承包商的索赔针对合同双方发起索赔的情形，索赔时点和过程进行了系统性的规定；条款 21 争议和仲裁中 DAAB（争议避免／裁决组织）对项目的全程跟踪也主要是通过进度计划进行了解和掌握的。

该项目各索赔中涉及进度计划应用的主要是征地和图纸签发延误引起的索赔。项目部通过修改进度计划并与初始进度计划进行对比，证实征地和图纸签发均处于关键线路，最终获得了合理的工期延长和相应的费用补偿。

通过将初始进度计划与修改进度计划做比较，判断工程延期天数；然后根据修改进度计划关键线路判定合同双方责任划分，根据责任划分确定承包商应获得的有效延期；最终通过进度计划中的资源分配和投入情况计算费用补偿，业主方也可以根据里程碑节点的延期获得相应的延期补偿，合同双方只有通过这样一个完整的证据链才能获得相对公平的争议处理结果。这样工程师和 DAAB（争议避免／裁决组织）工作的开展也会更加简单合理，在极大程度上避免后期仲裁及诉讼等拉锯战的发生，促进双方的可持续性合作。

2.4 进度计划对于施工单位的作用

在项目管理层面上，进度计划可以指导项目管理的实施，如果将某个区域或者公司的项目进度计划进行综合管理，那么进度计划背后的资源使用情况表和投入计划就会成为公司层面要关注的要点。施工单位关键设备的调拨权利一般是隶属于公司的，那么公司可以根据各项目的进度计划将关键设备的使用计划进行提取，在公司层面进行统一分配，降低设备闲置率和倒运时间。

以上只是进度计划在公司层面的某个方面的作用，随着进度计划的完善和应用广度的拓展，它对于成本管理、现金流和采购管理等方面也会起到指导作用。

3 进度计划的编制与管理

初始进度计划一般很难精确到整个施工期的各个阶段，那么在项目履约过程中，进度计划需要根据实际进度进行阶段性调整。此时应由专人负责收集各方面的信息，并与合同管理专员和现场管理人员进行配合，明确合同双方责任划分，及时调整和维护进度计划，并向项目管理人员报告项目预期进度。

3.1 进度计划的编制

承包商组建项目部之后，应尽快组织关键人员对合同的主要工程量进行核算，比如公路项目，应精确计算每千米的土石方填挖量，对整体的土方调度平衡和主要

结构物的施工难点和先后顺序做到心中有数。然后根据合同工期确定几个主要的里程碑事件，以里程碑事件为节点，细化主要的工作内容，完成进度计划的编制。由于项目初期仍然存在诸多的不确定性因素，项目进度计划的编制很难完全切合实际，此时应该注意将可预见期内的工作内容细化到每一道工序，比如将一个季度或者是半年时间作为第一个可预见期，然后将工作计划细化至每千米的土方填挖，结构层铺筑，面层铺筑和结构物的各个部位的施工；而将可预见期之后的工作内容进行概括，体现主要的工作节点即可，比如每 5km 或者每 10km 路面完成的时间。

在编制施工进度计划的过程中，要注意识别关键线路并进行调整，将不确定的工作内容或者是短时间内不具备进场条件的路段放置到关键线路上，以便为将来一旦发生的索赔工作打下良好的解决的基础。

我国国际承包商的施工地点一般处于偏远地区，交通条件恶劣，物资及设备运输风险较大，因此在进度计划的编制过程中应充分考虑关键物资设备的采购、清关和运输时间等。项目部可以根据主合同和自身情况，参考工程实践将关键物资设备的关键节点编入进度计划，比如海运时间、清关时间等；首先海运过程中存在不可抗力发生的可能性，承包商可以根据 FIDIC（"菲迪克"红皮书 2017 版）条款 18 异常事件的规定，进行相应的风险规避，其次在 FIDIC（"菲迪克"红皮书 2017 版）条款 2.2 协助中规定如果业主方收到承包商的求助，应积极的提供以下协助：

（1）取得与工程合同有关，但不易得到的工程所在国的法律文本。

（2）协助承包商申办工程所在国法律要求的以下任何许可、执照和批准：根据工程所在国法律规定，承包商需要得到的；为运送货物，清关需要的；设备运离现场时，出关需要的。

虽然该条款中并未强制规定业主方应提供该项协助，也未说明业主方应承担由此造成的损失，但这在必要时刻可以作为承包商的客观理由，为了项目顺利履约，合同双方理应相互协作、理解和支持。

3.2 进度计划的管理

在我国国际项目履约过程中，进度计划一般只是单纯的用以满足合同和工程师的指令，以及制度性要求，极少项目将进度计划应用到项目的实际管理过程中，这就使得进度计划与施工现场的执行情况是完全脱节的，这在项目管理尤其是合同管理过程中是一个极大的隐患。比如工程师可以通过日志的方式对承包商的实际执行情况进行记录，然后通过一段时间的统计，将实际执行情况与批准进度计划的背离点致函承包商作为期中记录，这就使得工程师有理由质疑我国承包商的管理能力，给随后的索赔工作带来极大的困难。

进度计划管理应该是进度以计划为引导，计划跟着进度调整。首先，现场管理人员应该认同初始进度计划，并能够严格按照进度计划做好工作安排；然后，进度计划专员应该与现场管理人员配合，以计划条目为单位登记录入实际开始时间和完成时间，并根据现场反馈做好问题登记，包括现场设备短缺、人员不足等；最后，间隔一定时间，项目经理应组织项目管理人员，包括进度计划专员和合同管理部门、技术管理部门、现场管理人员、物资和设备部门、人力资源和财务部门根据过去一段时间的进度计划执行情况，对资源进行进一步优化补充，对进度计划进行修改调整，调整程序见图1。

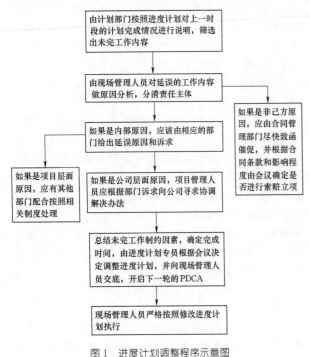

图1　进度计划调整程序示意图

4　进度计划应用过程中的注意事项

（1）在现行的国际工程实践中，进度计划并不会构成主合同的一部分，而且投标阶段编制的进度计划仅限用以评估工作强度和资源配置，也不应该成为主合同的一部分，但在实际情况中，我国承包商经常将投标阶段的进度计划一并放入主合同中，这对承包商来说是略显不利的。

（2）在项目的执行过程中，实际进度一般落后于初始进度计划，那么当实际进度明显落后于进度计划的时候，工程师会根据FIDIC（"菲迪克"红皮书2017版）条款8.7进展速度的规定要求承包商提交一份修改的进度计划，并描述加快（expedite）施工进度的方法。这里隐含的意思该延误是由承包商原因引起的，然而承包商又必须按照工程师的指示提交修改的进度计划，此处承包商可以做如下处理：

1）按照合同中规定的资源配置修改初始进度计划，完工日期一般会超出合同规定的完工日期，应该在致函中申明该进度计划是按照合同资源配置进行修改。

2）工程师一般不会同意将完工日期进行延长，就会以增加资源或者资源不足为理由要求重新修改进度计划。

3）承包商应根据修改意见，通过增加资源和延长工作时间等措施将计划完工日期提前以满足合同要求，在致函中应声明根据工程师要求进行赶工（accelerate）。

通过以上流程，承包商就可以通过进度计划的修改合理地索要赶工费用，以规避"劳而无功"的尴尬局面。

5　结语

随着国际工程项目竞争的日益激烈，工程履约风险增大，以及国际规则的逐步精细化，"盈利靠索赔"的观念逐步淡出大家的视线，只有通过合理组织施工，强化进度计划管理，明确双方责任，才能在保障项目履约的同时，深化双方可持续性合作。FIDIC（"菲迪克"）标准合同条件作为目前国际工程合同的主流，已经发行了2017版本，其中对进度计划的规定更加详细，这也对我国国际承包商的进度管理和合同管理提出了更大的挑战。

如何划分地铁车站分部分项工程

【摘　要】　在地铁施工中对分部分项工程进行科学、合理、详细地划分贯穿整个工程建设的始终，经监理批准的工程划分是对分项工程进行质量控制、评定验收、中间交工以及分部、单元工程的质量评定、工程的计量支付等施工全过程管理的依据。本文结合武汉地铁四标段车站施工划分层次为单位工程、子单位工程、分部工程、子分部工程、分项工程和检验批等，为类似地铁车站分部分项工程划分提供借鉴。

【关键词】　地铁车站　分项工程　过程管理

1　引言

工程划分由施工单位项目总工组织各职能部门专业人员参与，对合同段内的工程按照地铁工程施工质量检验评定标准、监理规范、施工招标文件、相关技术规范等并根据工程的施工工艺、部位、段落、计量原则等特点进行划分。工程施工质量的好坏，取决于各工序、工种的操作质量以及各施工安装阶段的质量控制。为了方便质量管理和控制施工过程中工程质量，更好的控制、检查每个工序、工种、施工阶段的质量，应结合工程结构特点、施工部署及施工合同要求将工程划分为若干个检验批、分项、分部（子分部）工程、单位（子单位）工程以对其进行质量控制和阶段验收。划分结果应有利于保证施工质量以及施工质量管理。

2　工程概况

武汉地铁 11 号线四标段位于武汉市东湖高新技术开发区。四标段包含未来一路站至未来三路站区间、未来三路站、未来三路站至左岭站区间、左岭站，两站两区间全长 3.8km。武汉地铁项目工程分两期建设实施：一期工程为左岭站，二期工程为除一期以外所有剩余工程。

3　武汉地铁四标段分部分项具体划分情况

3.1　单位工程（包括子单位工程）

具有独立发挥作用或独立施工条件的建筑物，目的是突出构筑物的整体质量。划分的首要原则即一个单位工程必须是由一个承包单位（承包单位的大小划分标准，集团公司、子分公司等施工完成）不管其规模大小、工程数量多少、所含分部工程和分项工程是否齐全。不同承包单位施工完成的工程，不论规模大小、关联情况如何，都不能划归为一个单位工程进行验收。单位工程是按一个完整工程或一个相当规模的施工范围来划分的，这是共性的划分原则。地铁建设项目一般以合同段为单位进行管理，一个合同段一般有一个或多个单位工程，一个单位工程有多个分部工程，一个分部工程有多个分项工程，分项工程是工程划分的最小单位，一个分项工程一般有多道工序组成。四标段依据以上划分原则将工程项目中所包含的两站两区间划分为左岭站土建工程、未来三路站至左岭站盾构区间（以下简称"未左区间"）、未来三路站、未来一路站至未来三路站盾构区间（以下简称"未未区间"）等 4 个单位工程。左岭站土建工程中包括主体结构、出入口通道、西端明挖段、东端明挖段等 4 个子单位工程；未来三路站至左岭站盾构区间包括区间左线、区间右线、联络通道 3 个子单位工程；未来三路站包括主体结构、出入口通道 2 个子单位工程；未来三路站至未来一路站盾构区间包括区间左线、区间右线、联络通道 3 个子单位工程。

3.2　分部工程

分部工程是按一个单位工程中的完整部位、主要结构、施工阶段或功能相对独立的组成部分来划分。由于同一分项工程的工种比较单一，因此往往不易反映出一些工程的全部质量面貌，所以又按工程的主要部位、用途划分为分部工程来综合分项工程的质量。一个分部工程应尽量使其类型相同或材料相同或施工方法相同。类型不同或材料不同或施工方法不同时，可以划分为不同的分部工程。分部工程按专业性质、建筑部位确定。当分部工程较大或较复杂时，为了方便验收和分清质量责任，可按材料种类、施工特点、施工程序、专业系统及类别等划分成若干个子分部工程，目的是为了更加方便施工时对质量进行管理和控制工程施工质量，以及对其进行质量控制和阶段验收。根据工程特点将4个单位工程（子单位工程）划分分部工程如下：左岭站土建工程单位工程中主体结构子单位工程中包括围护结构、地基基础与土方、接地装置、防水工程、结构工程、地面站主体结构等6个分部工程，其中围护结构分部工程包括钻孔灌注桩、混凝土支撑、冠梁与挡土墙3子分部工程；地基基础与土方分部工程包括基坑开挖与回填、地基处理2个子分部工程；结构工程分部工程包括主体结构、抗浮梁2个子分部工程；地面站主体结构分部工程包括钢结构、幕墙2个子分部工程；出入口通道子单位工程包括围护结构、地基基础与土方、接地装置、防水工程结构工程5个分部工程，其中围护结构分部工程包括钻孔灌注桩、混凝土支撑、冠梁3个子分部工程，地基基础与土方分部工程包括基坑开挖与回填、地基处理2个子分部工程；西端明挖段子单位工程分为围护结构；地基基础与土方、防水工程、结构工程4个分部工程，其中围护结构分部工程包括钻孔灌注桩、混凝土支撑、冠梁3个子分部工程，地基基础与土方分部工程包括基坑开挖与回填、地基处理2个子分部工程；结构工程分部工程分为主体结构、抗浮梁两个子分部工程；东端明挖段子单位工程包括围护结构、地基基础与土方、防水工程、结构工程4个分部工程，其中围护结构分部工程包括钻孔灌注桩、混凝土支撑、冠梁3个子分部工程，地基基础与土方分部工程包括基坑开挖与回填、地基处理2个子分部工程；未左区间单位工程左线子单位工程分为进出洞土层加固、盾构主体2个分部工程，其中进出洞土层加固包括钻孔灌注桩子分部工程；区间右线子单位工程包括盾构主体、端头井接头2个分部工程；联络通道子单位工程包括土层加固、超前支护、洞身开挖、初期衬砌、防水工程、二次衬砌等6个分部工程；未来三路站单位工程主体子单位工程包括围护结构、地基基础与土方、接地装置、防水工程、结构工程、地面站主体结构等6个分部工程，其中围护结构分部工程分为钻孔灌注桩、混凝土支撑、冠梁3个子分部工程，地基基础与土方分部工程分为基坑开挖与回填、地基处理2个子分部工程，结构工程分部工程分为主体结构和抗浮梁2个子分部工程，地面站主体结构分部工程分为钢结构和幕墙2个子分部工程，出入口通道子单位工程包括围护结构、地基基础与土方、接地装置、防水工程、结构工程等5个分部工程，其中围护结构分部工程分为钻孔灌注桩、混凝土支撑、冠梁3个子分部工程，地基基础与土方分部工程分为基坑开挖与回填、地

基处理2个子分部工程，结构工程分部工程包括主体结构子分部工程；未左区间单位工程中区间左线子单位工程分为进出洞土层加固、盾构主体两个分部工程，其中进出洞土层加固包括钻孔灌注桩子分部工程，区间右线子单位工程包括盾构主体、端头井接头2个分部工程；联络通道子单位工程包括土层加固、超前支护、洞身开挖、初期衬砌、防水工程、二次衬砌等6个分部工程。

3.3 分项工程

由施工准备工作开始到竣工交付使用，要经过若干工序、若干工种的配合施工。并且一个工程质量的优劣，取决于各个施工工序和各工种的操作质量。为了便于控制、检查和验收每个施工工序和工种的质量，更加及时的发现问题及时的纠正，并且还能反映出该项目的质量特征，又不花费太多的人力物力，就把这些叫作分项工程。分项工程应按工种、工序、材料、设备和施工工艺等划分。同一个分项工程其施工条件应基本相同，所用原材料及其质量要求应基本相同。根据工程特点将分部工程（子分部工程）划分分项工程如下：

（1）左岭站土建单位工程的主体子单位工程钻孔灌注桩子分部工程分为钻孔灌注桩护筒、钻孔灌注桩泥浆护壁成孔、钻孔灌注桩钢筋笼制作与安装、钻孔灌注混凝土及桩间网喷混凝土填充与整平等5个分项工程；混凝土支撑及冠梁子分部工程各分为模板与支架制作和安装、钢筋原材料与加工、钢筋骨架制作与安装、结构混凝土、模板与支架拆除等5个分项工程；基坑开挖与回填子分部工程分为钢支撑制作与安装、土方开挖、土方回填、格构柱施工4个分项工程；地基处理子分部工程分为抗拔桩、混凝土垫层2个分项工程；接地装置分部工程包括接地网安装（隐蔽）分项工程；防水工程分部工程分为卷材防水、涂料防水、水泥基结晶渗透涂料防水、特殊部位防水等4个分项工程；主体结构子分部工程和抗浮梁子分部工程分别分为模板与支架制作安装、钢筋原材料与加工、钢筋骨架制作与安装、结构混凝土、模板与支架拆除等5个分项工程；钢结构子分部工程分为钢结构焊接、钢结构栓接、紧固件连接、钢结构制作、单层钢结构安装、钢结构涂装、钢构件组装、钢构件预拼装、钢网架结构安装、压型金属板等10个分项工程；幕墙子分部工程包括玻璃幕墙分项工程。

（2）左岭站土建单位工程出入口通道子单位工程钻孔灌注桩子分部工程分为钻孔灌注桩护筒、钻孔灌注桩泥浆护壁成孔、钻孔灌注桩钢筋笼制作与安装、钻孔灌注桩混凝土及桩间网喷混凝土填充与整平等5个分项工程；混凝土支撑及冠梁子分部工程各分为模板与支架制作和安装、钢筋原材料与加工、钢筋骨架制作与安装、结构混凝土、模板与支架拆除等5个分项工程；基坑开挖与回填子分部工程分为钢支撑制作与安装、土方开挖、土方回填、格构柱施工4个分项工程；地基处理子

分部工程包括混凝土垫层分项工程；接地装置分部工程包括接地网安装（隐蔽）分项工程；防水工程分部工程分为卷材防水、涂料防水、水泥基结晶渗透涂料防水、特殊部位防水等4个分项工程；主体结构子分部工程分为模板与支架制作安装、钢筋原材料与加工、钢筋骨架制作与安装、结构混凝土、模板与支架拆除等5个分项工程。

（3）左岭站土建单位工程西端明挖段子单位工程钻孔灌注桩子分部工程分为钻孔灌注桩护筒、钻孔灌注桩泥浆护壁成孔、钻孔灌注桩钢筋笼制作与安装、钻孔灌注桩混凝土及桩间网喷混凝土填充与整平等5个分项工程；混凝土支撑及冠梁子分部工程各分为模板与支架制作和安装、钢筋原材料与加工、钢筋骨架制作与安装、结构混凝土、模板与支架拆除等5个分项工程；基坑开挖与回填子分部工程分为钢支撑制作与安装、土方开挖、土方回填等3个分项工程；地基处理子分部工程分为抗拔桩、混凝土垫层2个分项工程；防水工程分部工程分为卷材防水、涂料防水、水泥基结晶渗透涂料防水、特殊部位防水等4个分项工程；主体结构子分部工程和抗浮梁子分部工程分别分为模板与支架制作安装、钢筋原材料与加工、钢筋骨架制作与安装、结构混凝土、模板与支架拆除等5个分项工程。

（4）左岭站土建单位工程东端明挖段子单位工程钻孔灌注桩子分部工程分为钻孔灌注桩护筒、钻孔灌注桩泥浆护壁成孔、钻孔灌注桩钢筋笼制作与安装、钻孔灌注桩混凝土及桩间网喷混凝土填充与整平等5个分项工程；混凝土支撑及冠梁子分部工程各分为模板与支架制作和安装、钢筋原材料与加工、钢筋骨架制作与安装、结构混凝土、模板与支架拆除等5个分项工程；基坑开挖与回填子分部工程分为土方开挖、土方回填2个分项工程；地基处理子分部工程包括混凝土垫层分项工程，防水工程分部工程分为卷材防水、涂料防水、水泥基结晶渗透涂料防水、特殊部位防水等4个分项工程；主体结构子分部工程分为模板与支架制作安装、钢筋原材料与加工、钢筋骨架制作与安装、结构混凝土、模板与支架拆除等5个分项工程。

（5）未左区间单位工程3个子单位工程其中区间左线子单位工程钻孔灌注桩子分部工程分为钻孔灌注桩护筒、钻孔灌注桩泥浆护壁成孔、钻孔灌注桩钢筋笼制作与安装、钻孔灌注桩混凝土及桩间网喷混凝土填充与整平等5个分项工程，盾构主体分部工程分为钢筋混凝土管片外土层与防水密封条、盾构掘进、管片拼装、壁后注浆、隧道防水等5个分项工程；区间右线子单位工程盾构主体分部工程分为钢筋混凝土管片外土层与防水密封条、盾构掘进、管片拼装、壁后注浆、隧道防水等5个分项工程；端头井接头分部工程分为模板与支架制作和安装、钢筋原材料与加工、钢筋骨架制作与安装、结构混凝土、模板与支架拆除、特殊部位防水等6个分

项工程；联络通道子单位工程土层加固分为钻孔搅拌桩、高压旋喷桩、高压注浆等3个分项工程，超前支护分部工程分为管棚注浆超前支护、小导管注浆超前支护、土层锚杆支护等3个分项工程，洞身开挖分部工程分为降水井、暗挖法土方开挖2个分项工程，初期衬砌分部工程分为钢筋格栅、网片加工安装、型钢钢架制作与安装、喷射混凝土等4个分项工程；防水工程分部工程分为高压注浆止水、卷材防水、特殊部位防水3个分项工程，二次衬砌分项工程分为模板与支架制作和安装、钢筋原材料与加工、钢筋骨架制作与安装、结构混凝土、模板与支架拆除等5个分项工程。

（6）未来三路站单位工程主体子单位工程钻孔灌注桩子分部工程分为钻孔灌注桩护筒、钻孔灌注桩泥浆护壁成孔、钻孔灌注桩钢筋笼制作与安装、钻孔灌注桩混凝土及桩间网喷混凝土填充与整平等5个分项工程；混凝土支撑及冠梁子分部工程各分为模板与支架制作和安装、钢筋原材料与加工、钢筋骨架制作与安装、结构混凝土、模板与支架拆除等5个分项工程；基坑开挖与回填子分部工程分为钢支撑制作与安装、土方开挖、土方回填、格构柱施工4个分项工程；地基处理子分部工程分为抗拔桩、混凝土垫层2个分项工程；接地装置分部工程包括接地网安装（隐蔽）分项工程；防水工程分部工程分为卷材防水、涂料防水、水泥基结晶渗透涂料防水、特殊部位防水等4个分项工程；主体结构子分部工程和抗浮梁子分部工程分别分为模板与支架制作安装、钢筋原材料与加工、钢筋骨架制作与安装、结构混凝土、模板与支架拆除等5个分项工程；钢结构子分部工程分为钢结构焊接、钢结构栓接、紧固件连接、钢结构制作、单层钢结构安装、钢结构涂装、钢构件组装、钢构件预拼装、钢网架结构安装、压型金属板等10个分项工程；幕墙子分部工程包括玻璃幕墙分项工程。

（7）未来三路站单位工程出入口通道子单位工程钻孔灌注桩子分部工程分为钻孔灌注桩护筒、钻孔灌注桩泥浆护壁成孔、钻孔灌注桩钢筋笼制作与安装、钻孔灌注桩混凝土及桩间网喷混凝土填充与整平等5个分项工程；混凝土支撑及冠梁子分部工程各分为模板与支架制作和安装、钢筋原材料与加工、钢筋骨架制作与安装、结构混凝土、模板与支架拆除等5个分项工程；基坑开挖与回填子分部工程分为钢支撑制作与安装、土方开挖、土方回填、格构柱施工4个分项工程；地基处理子分部工程包括混凝土垫层分项工程，接地装置分部工程包括接地网安装（隐蔽）分项工程；防水工程分部工程分为卷材防水、涂料防水、水泥基结晶渗透涂料防水、特殊部位防水等4个分项工程；主体结构子分部工程分为模板与支架制作安装、钢筋原材料与加工、钢筋骨架制作与安装、结构混凝土、模板与支架拆除等5个分项工程。

（8）未来区间子单位工程3个子单位工程其中区间

左线子单位工程钻孔灌注桩子分部工程分为钻孔灌注桩护筒、钻孔灌注桩泥浆护壁成孔、钻孔灌注桩钢筋笼制作与安装、钻孔灌注桩混凝土及桩间网喷混凝土填充与整平等 5 个分项工程；盾构主体分部工程分为钢筋混凝土管片外土层与防水密封条、盾构掘进、管片拼装、壁后注浆、隧道防水等 5 个分项工程。区间右线子单位工程盾构主体分部工程分为钢筋混凝土管片外土层与防水密封条、盾构掘进、管片拼装、壁后注浆、隧道防水等 5 个分项工程；端头井接头分部工程分为模板与支架制作和安装、钢筋原材料与加工、钢筋骨架制作与安装、结构混凝土、模板与支架拆除、特殊部位防水等 6 个分项工程。联络通道子单位工程土层加固分为钻孔搅拌桩、高压旋喷桩、高压注浆等 3 个分项工程；超前支护分部工程分为管棚注浆超前支护、小导管注浆超前支护、土层锚杆支护等 3 个分项工程；洞身开挖分部工程分为降水井、暗挖法土方开挖 2 个分项工程；初期衬砌分部工程分为钢筋格栅、网片加工安装、型钢钢架制作与安装、喷射混凝土等 4 个分项工程；防水工程分部工程分为高压注浆止水、卷材防水、特殊部位防水 3 个分项工程；二次衬砌分项工程分为模板与支架制作和安装、钢筋原材料与加工、钢筋骨架制作与安装、结构混凝土、模板与支架拆除等 5 个分项工程。

3.4 检验批

分项工程分为若干个检验批来验收。检验批划分的数量不宜太多，工程量也不宜太大，已没有再划分的必要。分项工程的划分，实质上是检验批的划分。不论如何划分检验批、分项工程，都要有利于质量控制，能取得较完整的技术数据；而且要防止造成检验批、分项工程的大小过于悬殊。

4 结语

地铁车站分项、分部、单位工程的划分是加强工程统一管理的措施，为合理组织施工起到了积极地指导作用，同时在工程施工的过程中，依据工程的划分及时收集和整理工程资料，对各分项、分部、单位工程进行工程质量、施工安全、施工环境保护、费用、进度、合同其他事项有效监控和管理具有重要意义。

征 稿 启 事

各网员单位、联络员：

广大热心作者、读者：

《水利水电施工》是全国水利水电施工技术信息网的网刊，是全国水利水电施工行业内刊载水利水电工程施工前沿技术、创新科技成果、科技情报资讯和工程建设管理经验的综合性技术刊物。本刊宗旨是：总结水利水电工程前沿施工技术，推广应用创新科技成果，促进科技情报交流，推动中国水电施工技术和品牌走向世界。《水利水电施工》编辑部于 2008 年 1 月从宜昌迁入北京后，由全国水利水电施工技术信息网和中国电力建设集团有限公司联合主办，并在北京以双月刊出版、发行。截至 2016 年年底，已累计发行 54 期（其中正刊 36 期，增刊和专辑 18 期）。

自 2009 年以来，本刊发行数量已增至 2000 册，发行和交流范围现已扩大到 120 个单位，深受行业内广大工程技术人员特别是青年工程技术人员的欢迎和有关部门的认可。为进一步增强刊物的学术性、可读性、价值性，自 2017 年起，对刊物进行了版式调整，由杂志型调整为丛书型。调整后的刊物继承和保留了原刊物国际流行大 16 开本，每辑刊载精美彩页 6～12 页，内文黑白印刷的原貌。本刊真诚欢迎广大读者、作者踊跃投稿；真诚欢迎企业管理人员、行业内知名专家和高级工程技术人员撰写文章，深度解析企业经营与项目管理方略、介绍水利水电前沿施工技术和创新科技成果，同时也热烈欢迎各网员单位、联络员积极为本刊组织和选送优质稿件。

投稿要求和注意事项如下：

（1）文章标题力求简洁、题意确切，言简意赅，字数不超过 20 字。标题下列作者姓名与所在单位名称。

（2）文章篇幅一般以 3000～5000 字为宜（特殊情况除外）。论文需论点明确，逻辑严密，文字精练，数据准确；论文内容不得涉及国家秘密或泄露企业商业秘密，文责自负。

（3）文章应附 150 字以内的摘要，3～5 个关键词。

（4）正文采用西式体例，即例 "1" "1.1" "1.1.1"，并一律左顶格。如文章层次较多，在 "1.1.1" 下，条目内容可依次用 "（1）" "①" 连续编号。

（5）正文采用宋体、五号字、Word 文档录入，1.5 倍行距，单栏排版。

（6）文章须采用法定计量单位，并符合国家标准《量和单位》的相关规定。

（7）图、表设置应简明、清晰，每篇文章以不超过 5 幅插图为宜。插图用 CAD 绘制时，要求线条、文字清楚，图中单位、数字标注规范。

（8）来稿请注明作者姓名、职称、职务、工作单位、邮政编码、联系电话、电子邮箱等信息。

（9）本刊发表的文章均被录入《中国知识资源总库》和《中文科技期刊数据库》。文章一经采用严禁他投或重复投稿。为此，《水利水电施工》编委会办公室慎重敬告作者：为强化对学术不端行为的抑制，中国学术期刊（光盘版）电子杂志社设立了 "学术不端文献检测中心"。该中心将采用 "学术不端文献检测系统"（简称 AMLC）对本刊发表的科技论文和有关文献资料进行全文比对检测。凡未能通过该系统检测的文章，录入《中国知识资源总库》的资格将被自动取消；作者除文责自负、承担与之相关联的民事责任外，还应在本刊载文向社会公众致歉。

（10）发表在企业内部刊物上的优秀文章，欢迎推荐本刊选用。

（11）来稿一经录用，即按 2008 年国家制定的标准支付稿酬（稿酬只发放到各单位，原则上不直接面对作者，非网员单位作者不支付稿酬）。

来稿请按以下地址和方式联系。

联系地址：北京市海淀区车公庄西路 22 号 A 座

投稿单位：《水利水电施工》编委会办公室

邮编：100048

编委会办公室：杜永昌

联系电话：010 - 58368849

E - mail：kanwu201506@powerchina.cn

全国水利水电施工技术信息网秘书处
《水利水电施工》编委会办公室
2019 年 12 月 30 日